现代智能控制实用技术丛书

Modern intelligent control practical technology Series

信号的调制与解调技术

苏遵惠　编著

机 械 工 业 出 版 社

《现代智能控制实用技术丛书》共分为四本，其内容按照信号传输的链条，即由传感器、信号的调制与解调、信息的传输与通信技术和智能控制技术的应用组成。

本书系统地对信号的调制与解调的基本概念、调制的目的，以及调制波模拟调制中的幅度调制（AM）、频率调制（FM）和相位调制（PM），调制波数字线性调制中的幅移键控（ASK）调制、开关键控（OOK）调制，非线性调制中的数字频移键控（FSK）调制、高斯频移键控（GFSK）调制和相移键控（PSK）调制，以及载波的脉冲调制中的脉幅调制（PAM）、脉密调制（PDM）、脉宽调制（PWM）、脉冲编码调制（PCM）等的原理、组成、特点、功能、应用场合进行了详细的讲解。对于各种调制的关键技术参数，如带宽要求、平均发射功率及系统的误时隙率和误码率的计算公式进行了详细介绍，并且对同一类的调制性能进行了总结和比较。

本书可作为大专院校或高等院校信息技术、通信工程、智能控制等相关专业的参考书籍，也可供从事这些领域设计、制造、应用工作的工程技术人员作为参考资料。

图书在版编目（CIP）数据

信号的调制与解调技术/苏遵惠编著. -- 北京：机械工业出版社，2024. 12. --（现代智能控制实用技术丛书）. -- ISBN 978 - 7 - 111 - 77026 - 8

Ⅰ. TN911

中国国家版本馆 CIP 数据核字第 20241C1M52 号

机械工业出版社（北京市百万庄大街 22 号　邮政编码 100037）
策划编辑：江婧婧　　　　　责任编辑：江婧婧　翟天睿
责任校对：郑　婕　张　征　　封面设计：王　旭
责任印制：常天培
固安县铭成印刷有限公司印刷
2025 年 1 月第 1 版第 1 次印刷
169mm×239mm · 13.5 印张 · 260 千字
标准书号：ISBN 978-7-111-77026-8
定价：99.00 元

电话服务　　　　　　　　网络服务
客服电话：010-88361066　　机　工　官　网：www. cmpbook. com
　　　　　010-88379833　　机　工　官　博：weibo. com/cmp1952
　　　　　010-68326294　　金　书　网：www. golden-book. com
封底无防伪标均为盗版　　机工教育服务网：www. cmpedu. com

丛书序

自动控制、智能控制、智慧控制是相对 AI 控制技术的普遍话题。在当今的生产、生活和科学实验中具有重要的作用，这已是公认的事实。

在控制技术中离不开将甲地的信息传送到乙地，以便远程监测（遥测）、视频显示和数据记录（遥信）、状况或数据调节（遥调）和智能控制（遥控），统称为智能控制的四遥工程。

所谓信息，一般可理解为消息或知识，在自然科学中，信息是对这些物理对象的状态或特性的反映。信息是物理现象、过程或系统所固有的。信息本身不是物质，不具有能量，但信息的传输却依靠物质和能量。而信号则是信息的某种表现形式，是传输信息的载体。信号是物理性的，并且随时间而变化，这是信号的本质所在。

一般说来，传输信息的载体被称为信号，信息蕴涵在信号中。例如，在无线电通信中，电磁波信号承载着各种各样的信息。所以信号是有能量的物质，它描述了物理量的变化过程，在数学上，信号可以表示为关于一个或几个独立变量的函数，也可以表示随时间或空间变化的图形。实际的信号中往往包含着多种信息成分，其中有些是我们关心的有用信息，有些是我们不关心的噪声或冗余信息。传感器的作用就是把未知的被测信息转化为可观察的信号，以提取所研究对象的有关信息。

为达到以上目的，必须将原始信息进行必要的处理再转换成信号。诸如信息的获得，将无效信息进行过滤，将有效信息转换成便于传输的信号，或放大为必要的电平信号；或将较低频率的原始信息"调制"为较高频率的信号；或为了满足传输，特别是远距离传输的要求，将原始模拟信息进行数字化处理，使其成为数字信号等。这就是智能控制发送部分的"职责"——信息的收集与调制。

然后，将调制后的信号置于适用的、所选取的传输通道上进行传输，使调制后的信号传输至信宿端——乙地。当然，调制后的信号在传输过程中由于受到传输线路阻抗的作用，使信号衰减；或受到外界信号的干扰而使信号畸变，则需要在经过一段传输距离后，进行必要的信号放大和（或）信号波形整形，即加入所谓的"再生中继器"，对信号进行整理。

在乙地接收到经传输线路传送来的信号后，一般都需要进行必要的"预处

IV

理"——信号的放大或（和）波形整形，然后进行调制器的反向操作"解调"，即将高频信号或数字信号还原成原始信息。将原始信息通过扬声器（还原的音频信号）、显示器（还原的图像或视频信号）、打印（还原的计算结果）或进行力学、电磁学、光学、声学等转换，对原始信息控制目的物进行作用，从而达到智能控制的目的。

本套丛书就是对智能控制系统中各个环节的一些关键技术的原理、特性、基本计算公式和方法、基本结构的组成、各个部分参数的选取，以及主要应用场合及其优势和不足等问题进行讨论和分析。

智能控制系统的主要部分在于：原始信息的采集和有效信息的获取——"传感器"，也被称作"人类五官的延伸"；将原始信息转换成传输线路要求的信号形式——"调制器"，也是门类最多、计算较为复杂的部分；传输线路技术——诸如有线通信的"载波通信线路技术""电力载波通信线路技术""光纤通信线路技术"，无线通信的"微波通信技术""可见光通信技术"及近距离、小容量的"微信通信技术""蓝牙通信技术"等。还包括未来的通信技术——"量子通信技术"等，对其基本原理、基本结构、主要优缺点、适用场合及整体信息智能控制系统做一些基础性、实用性的技术介绍。

对于信息接收端，主要工作在于对调制后的信号进行"解调"，当然包括对接收到的调制信号的预处理，并按照信号的最终控制目的，将信号进行逆向转换成需要的信息，使之达到远程监测、视频显示和数据记录、状况或数据调节和智能控制的目的。

本套丛书则沿着"有效信息的取得""有效信息的调制""调制信号的传输""调制信号的解调"以及"智能控制系统的举例应用"这一线索展开，对比较典型的智能控制系统，应用于实践的设计计算及控制的逻辑关系进行举例论述。

本套丛书分为四本，包括《传感技术与智能传感器的应用》《信号的调制与解调技术》《信息的传输与通信技术》和《智能控制技术及其应用》。

本套丛书对于现代智能控制实用技术不能说是"面面俱到"，但基本技术链条比较齐全，涉及面也比较广，但也很可能挂一漏万。书中的主要举例都是作者在近三十多年的实践中，通过学习、设计、实验、制造、使用中得到验证的智能控制范例。可以将本套丛书用于对智能控制基础知识的学习，作为基本智能控制系统设计的参考。本套丛书虽然经历了十多年的知识积累，但仍然觉得时间仓促，加之水平有限，错误与疏漏之处在所难免，恳请读者批评指正。

苏遵惠

2024 年 5 月于深圳

前　言

对于信息的远距离传输，信号的调制能使信息传输的失真最小，也可以用窄频率带宽传输更多数据。

1846年，人类用电线传送信号需要敷设一条海底电缆，信号经过电缆后信息会变弱，人们认为只要加大发射功率，提高接收机的灵敏度就可以解决问题。但完工后，接收机收到的信号波形和发送的波形完全不相关，这给人们提出了一个问题：波形变化的症结在哪里？10年之后，凯尔文（Kelven）用微分方程解决了这个问题。他阐明了信号的严重失真实际上是一个频率特性的问题，信号通过信道时其高频成分被衰减掉了。从此人们开始认识到，信道具有一定的频率特性，并不是信号中所有的频率成分都能通过信道进行传输，因此提出了信号调制的概念与要求。要对信号进行调制的原因是原始信息一般不能在大多数信道内直接传输，由于频率、带宽以及易受干扰等，所以不适合直接用天线发射或电缆传输原始信息，需要经过信号调制将其变换成适合在该信道内传输的信号。所以就使用一个高频信号作为载波，将需要传输的信息混入载波中，然后再通过天线发射或电缆传输。这就是初始时人们对信号调制必要性的认识。

信号的调制就是把输入信号变换为适合通过信道传输形式的一种过程。在通信领域，调制一般是指载波调制（也叫带通调制），即用调制信号控制载波参数，使载波的某一个或某几个参数按照调制信号的规律变化。来自信源的消息信号（基带信号）称为调制信号，未受调制的周期性高频振荡信号称为载波，载波被调制后的信号称为已调信号。信号的调制实现了信源的频谱与信道的频带相匹配。基本的调制方案包括幅度调制、频率调制和相位调制。调制信号也可以使用幅度和相位（矢量）的极坐标来表示。

当然，根据信道中传输的信号是否经过调制，可将通信系统分为基带传输系统和带通传输系统。基带传输是将未经调制的信号直接传送，如模拟信号的市内电话、有线广播等短距离传输。随着传输信息的范围越来越广，基带传输系统的用途越来越少。

带通传输是对各种信号调制后传输的总称。常用的模拟调制使用正弦波作为载波的幅度调制和角度调制，比如幅度调制（AM）、双边带（DSB）调制、单

VI

边带（SSB）调制、残留边带（VSB）调制、频率调制（FM）和相位调制（PM）。常用的数字调制使用数字信号的离散取值通过开关键控制载波，对载波的振幅、频率和相位进行键控，比如幅移键控（ASK）、频移键控（FSK）、相移键控（PSK）等调制。

通过载波的高频率和高能量，使传输信号具有抗干扰传输和远距离传输的优点。在无线传输中，信号以电磁波的形式通过天线辐射到空间并采用天线接收，因基带信号包含较低频率、波长较长分量，致使天线过长甚至难以实现。通过调制，把基带信号的频谱搬至较高的载波频率上，使已调信号的频谱和信道带宽特性相匹配，以较小的发送功率和较短的天线来辐射和接收电磁波。通过信号调制可将多个基带信号分别搬移到不同载频处，可实现信道的多路复用，提供信道利用率；通过信号调制可扩展信号带宽，提高系统抗干扰、抗衰减能力，使传输距离远远高于基带传输。而解调是调制的反过程，通过与调制相对应的方法从已调信号的参量变化中恢复出原始的基带信号。

在对语音信息调制时，采用脉冲编码调制（PCM）是现代语音传输中最常用的调制方法。PCM 就是将一个时间连续、取值连续的模拟信号变换成时间离散、取值离散的数字信号后在信道中传输，对模拟信号进行采样、对样值幅度量化、编码的处理过程，其理论基础为采样定理。为解决其均匀量化时小信号量化误差大、音质差的问题，在实际应用中采用不均匀的非线性量化方法，即运用对数形式的压缩特性，即 A 律 13 折线编码和 μ 律 15 折线编码。欧洲和中国采用的 A 律编码，主要用于 30/32 路一次群系统；而北美和日本采用的 μ 律编码，主要用于 24 路一次群系统。

为了提高频谱利用率，人们又发明了 IQ 调制，因为 IQ 调制的频谱效率较高，因而在数字通信中得到广泛采用。IQ 调制使用了两路载波，两路载波相互正交。一路 I 是 0°或 180°的同相分量，一路 Q 是 90°或 270°的正交分量，两路分量之间有 90°的相移，分别进行载波调制，一般用 sin 和 cos 表示，两路信号 I、Q 分别调制后一起发射，从而提高频谱利用率。所以频谱利用率比单相调制提高 1 倍。自然 IQ 调制对解调要求也高于单相载波的解调。

由于时间和精力有限，不足和错误之处恳请读者批评指正！

苏遵惠
2024 年 5 月

目　录

X

第一章

调制与解调

第一节　调制与解调概述

一、调制与解调的定义

（1）调制（modulation）是以满足进行传输的要求为目的，用基带信号（携有消息的信号）去控制或改变一个高频振荡的载波信号的某个或几个参量的变化，将基带信号的信息荷载在载波上，形成已调信号的过程。

（2）解调（demodul）是调制的逆过程，即通过具体的方法，从已调制的参量变化中还原出有用信息，即原始的基带信号的过程。

二、常用名词及代号

（1）模拟信号（analog signal）　模拟信号是指用连续变化的物理量表示的信息，其信号的幅度，或频率，或相位随时间连续变化。

（2）数字信号（digit signal）　数字信号是指信号的自变量为离散的，因变量也是离散的信号。这种信号的自变量用整数表示，因变量用有限数字中的一个数字表示。在计算机中，数字信号的大小常用二进制数表示。也可以采用 2^n 进制数表示。这种信号设置方法大幅度提高了信号的抗噪声干扰能力，提高了信息传输中的保密性能。

（3）调制信号（modulating signal）　调制信号也称作基带信号，调制信号为需要传送的信息信号。在信号进行远距离传输过程中，信号是以电磁波的形式通过天线无线辐射或有线线路传输。而基带信号包含的较低频率分量的波长较长，致使传输距离受到限制，而通过调制，把基带信号的频谱搬至较高的载波频率上，便可以大幅度提高传输距离。另外，调制可以把多个基带信号分别搬移到不同的载频处，以实现信道的多路复用，提高信道利用率。而且可以提高系统抗干扰、抗衰落能力，提高传输的信噪比，记作 $u_\Omega(t)$。

（4）载波（carrier wave）　在通信技术中，载波是由振荡器产生并在通信信道上传输的电波，将被调制信号调制后用来传送语音或其他信息。载波频率通常比输入信号的频率高，属于高频信号，将输入信号调制到一个高频载波上，然后再被发射和接收。载波即是传送信息的物理基础和承载工具，为了调制信号远距离传输高频振荡信号，记作 $u_c(t)$。

（5）已调信号（modulated signal）　已调信号是载有有用信息的信号，将有用信息加载到便于传输的信号上称作已调信号，即为调制后含有发送信息的信号，记作 $u(t)$。

（6）信源（information source）　信源是通信系统的起点，其产生数据并且对这些数据进行调制或编码，产生适合于信道传输的调制信号，即为需要发送的信息。一般分为模拟信号和数字信号两大类，即信息的发布者，记作 IS。

（7）信道（information channel）　信道是从信源进入信宿的通道，一般分为有线通信和无线通信两大类。信道的传输质量影响信号的接收与解调，在信道中会产生信号强度的衰减、信号形状的改变和噪声的产生，记作 IC。

（8）信宿（information end - result）　信宿是通过信息系统传输终端，从信道中接收信号，通过解码、解调或放大得到信源端产生的原始数据，即信息的接收者，记作 IE。

三、调制的目的

为什么在信息传输前，要对信息进行调制呢？

1）基本原因是基带信号（如语音）频率低，而高频信号才易于辐射和远距离传输。为了使电磁能量进行有效辐射，对于无线传输，需要通过辐射天线和接收天线进行发送和接收。而根据电磁波传输理论，天线的尺寸至少应为发射信号波长的 1/10。由公式 $v = \lambda f$ 推导出 $\lambda = v/f$，其中 λ 为波长；v 为波速，$v = 3 \times 10^8 \text{m/s}$；$f$ 为频率。

常规人耳的可听频率在 30～16000Hz，即波长在 18750～10000000m。

常规语音通信中频率在 300～3400Hz，即波长在 88235～1000000m，则其传输天线的长度即应为 100000～8824m。可见信息的发送端和接收端设置这么长的天线是不现实的。为了缩短发送和接收天线，必须通过高频信号对基带信号进行调制。

2）便于在同一信道上同时传输多路不同的基带信号。例如进行语音通信时，多个用户的语音信号所占的频带是相同的，均为 300～3400Hz，如果不进行调制就没办法保证多个用户同时进行通话，如果对不同的基带信号进行调制，使不同通道的基带信号在不同的频带或不同的时隙进行调制，那么就不会互相干扰了。

将要传输的低频模拟信号或数字信号变换成适合信道传输的高频信号，就需要把基带信号（信源）转变为一个相对基带频率而言频率非常高的带通信号。该信号被称为已调信号，而基带信号被称为调制信号。

调制可以通过使高频载波随需要传输信号（信源）的变化，而改变载波的幅度、频率或者相位来实现。调制过程用于通信系统的发送端。

信源经调制后，经过传输线路（信道）将已调信号传送到接收端。

在接收端则需将已调信号还原成需要传输的原始信号，也就是将基带信号从载波中提取出来，该过程被称为解调，即为方便预定的接受者（信宿）处理和理解的过程。

第二节　调制的分类

调制的种类很多，从不同的角度命名，分类方法也不一致。

一、信号调制从不同角度分类

总体分为信号调制、调制波不同的调制和载波不同的调制三种，如图 1-1 所示。

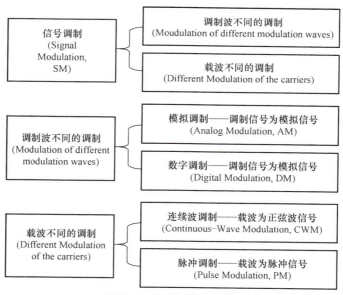

图 1-1　信号调制的分类

二、按调制波（信号）不同分类

按调制波不同可分为模拟调制和数字调制两类。

（1）调制波的模拟调制　即调制波的基带信号为模拟信号，如图 1-2 所示。调制波的模拟调制分为幅度调制和角度调制。

1）幅度调制又分为标准幅度调制（AM）、抑制载波双边带调制（简称双边带调制，DSB）、单边带调制（SSB）和残留边带调制（VSB）等调制方式。

2）角度调制又分为频率调制（FM）和相位调制（PM）等。

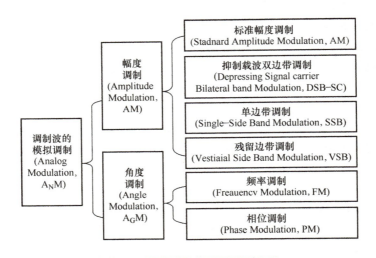

图 1-2　调制波的模拟调制分类图

（2）调制波的数字调制　即调制波的基带信号为数字信号，如图 1-3 所示。调制波的数字调制分为线性数字调制（LDM）和非线性数字调制（NDM）。

1）线性数字调制又分为幅移键控调制（ASK）和开关键控调制（OOK）等。幅移键控调制（ASK）又包括正交幅移键控调制（也称作正交幅度调制，QASK）和多进制幅移键控调制（MASK）等调制方式。

2）非线性数字调制又分为频移键控调制（FSK）和相移键控调制（PSK）等调制方式。频移键控调制又包括高斯频移键控调制（GFSK）、高斯滤波最小频移键控调制（GMSK）和多进制频移键控调制（MFSK）等调制方式。相移键控调制又包括差分相移键控调制（DPSK）和多进制相移键控调制（MPSK）等。

可见，调制方式多种多样，而且相互交错。但是有几种调制方式是最基本的，其他派生出的调制方式只是某个方面具有特别的性能，或根据一些特别的技术指标要求而变化产生的。

调制波的模拟调制的分类可以用图 1-4 所示的模拟信号的数学表达式图解予以表示。

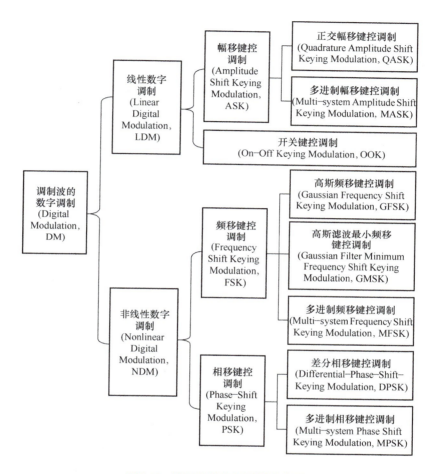

图 1-3 调制波的数字调制分类图

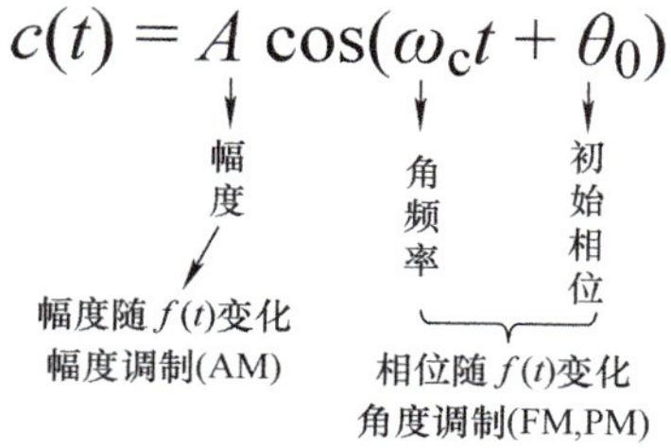

$$c(t) = A \cos(\omega_c t + \theta_0)$$

幅度 → 幅度随 $f(t)$ 变化 幅度调制(AM)

角频率、初始相位 → 相位随 $f(t)$ 变化 角度调制(FM,PM)

图 1-4 调制波的模拟调制分类的数学表达式图解

三、按载波不同分类

载波不同的调制可分为载波连续波调制（或正弦波调制）（CWM）和载波脉冲调制（数字连续波调制）（PM）两类，如图1-5所示。

（1）载波连续波调制　载波连续波调制又分为幅度调制（AM）、频率调制（FM）和相位调制（PM）等。

（2）载波脉冲调制　载波脉冲调制又分为脉冲幅度调制（PAM）、脉冲宽度调制（PWM）、脉冲密度调制（PDM）、脉冲位移调制（PPM）和脉冲编码调制（PCM）等。

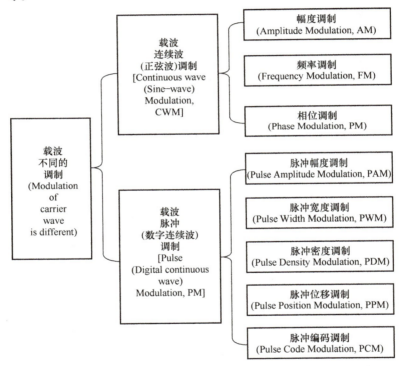

图1-5　载波的不同调制分类图

四、信号调制的分类总览

综合以上分类，现归纳调制分类总览图，如图1-6所示。此外还有复合调制和多重调制等，不同的调制方式有不同的特点和性能。

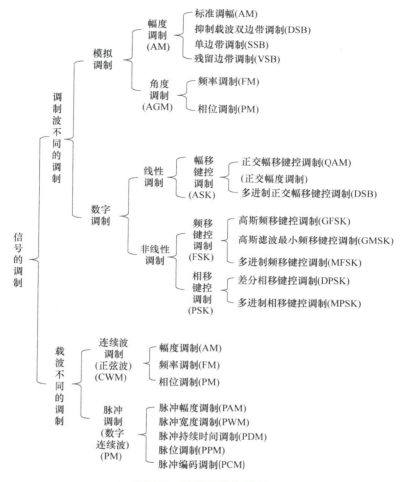

图 1-6　调制分类总览图

第 二 章

调制波的模拟调制

第一节　连续波的幅度调制

一、连续波

连续波是指波形的幅度是以连续方式而不是脉冲方式输出的波，与之相对应的是脉冲波。

在信息传输的通信中，一般所用的载波是高频正弦波，也是一种连续波。

二、连续波幅度调制种类

1）标准幅度调制（Standard Amplitude Modulation，AM）。

2）双边带幅度调制（Bilateral Band Amplitude Modulation，DSB）；抑制载波双边带调制（Bilateral Band Amplitude Modulation – Suppressed Carrier，DSB – SC）。

3）单边带幅度调制（Single Sideband Amplitude Modulation，SSB）。

4）残留边带幅度调制（Residual Sideband Amplitude Modulation，VSB）。

三、连续波幅度调制原理

1. 幅度调制

幅度调制是用调制信号去控制高频载波的振幅，使其按调制信号的规律变化的过程，如图 2-1 所示。

幅度调制属于线性调制范畴，它通过改变载波的幅度，以实现调制信号频谱的搬移。

幅度调制常分为标准幅度调制（简称调幅，AM）、抑制载波双边带调制（简称双边带调制，DSB）、单边带调制（SSB）和残留边带调制（VSB）等。

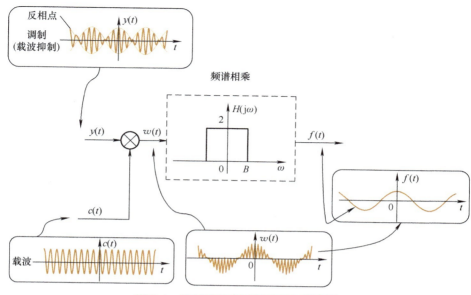

图 2-1　连续波幅度调制原理及波形图

2. 调制深度

调制深度通常用 md 表示，也称作调制度，是指在双边带调幅方式情况下，必须加以限制的峰值幅偏值，如图 2-2 所示。通常为已调波的最大振幅与最小振幅之差与载波最大振幅与最小振幅之和的比，用百分数表示。有的资料中用 β_{AM} 表示。

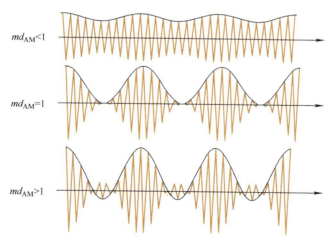

图 2-2　连续波幅度调制的调制深度及波形图

3. 调制指数

调制指数在调制技术中是用来衡量调制深度的参数，也称为调制系数和调幅系数。在调幅技术中，指调制信号与载波信号的幅度之比。

设调幅信号的最大振幅为 E_{max1}，包络最小振幅为 E_{min1}，载波信号的最大振幅为 E_{max2}，最小振幅为 E_{min2}，则调制深度为 $md = (E_{max1} - E_{min1})/(E_{max2} + E_{min2})$。

有时也会用 dB 表示调制深度，此时指的是调制波的波峰到波谷下降的 dB 值。

$md = \dfrac{U_{\Omega m}}{U_{cm}}$ 称为调幅指数或调幅度。md 越大，幅度变化越剧烈。其中 md 的取值决定了调幅信号的状态，当 $md = 0$ 时，没有调幅，输出为原载波信号。当 $md = 1$ 时，$U_{\Omega m} = U_{cm}$，幅度在 $0 \sim 2U_{cm}$ 之间变化，为 100% 调幅。当 $md < 1$ 时，$U_{\Omega m} > U_{cm}$，为过调幅，则包络信号失真。

4. 用示波器测量 md 的方法

在幅度调制中，借助快速傅里叶变化，调制深度可以通过测量边带幅度和载波幅度得到。幅度调制使用正弦信号，通常是用音频频率范围从 10Hz ~ 20kHz 的正弦波去控制被称为载波的高频信号的幅度。

用示波器测量调制深度（md）有两种方法，直接测量包络法和梯形法（里萨如图法），如图 2-3 所示。以下以直接测量包络法为例予以说明。

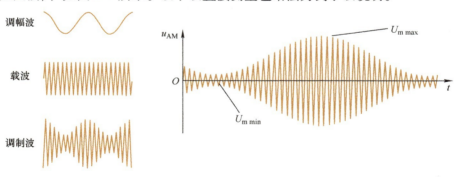

图 2-3　用示波器测量调制深度的波形图

将被测试已调幅信号送至示波器的垂直通道，选择同步信号，调整相关旋钮使显示屏上显示出完整的已调幅波的波形图。图 2-4 中分别表示波形垂直方向上的最大值和最小值。已调幅波包络的最小值出现在 $\cos \Omega t = -1$ 的瞬间，已调幅波包络的最大值出现在 $\cos \Omega t = 1$ 的瞬间。

设包络的最大值为 A，包络的最小值为 B，则代入公式即可求出。

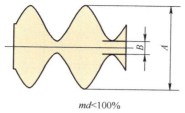
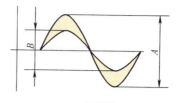

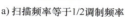

　　a）扫描频率等于1/2调制频率　　　　　　　　b）扫描频率等于1/2载波频率

图 2-4　采用直接测量包络法测试调制深度

第二节　标准幅度调制

一、标准调幅波数学表达式

　　调幅即使载波信号的幅度随着调制信号（如音频信号）的变化而变化。

　　1）载波信号的数学表达式为 $U_c = U_{cm}\cos\omega_c t$；

　　2）音频信号的数学表达式为 $U_\Omega = U_{\Omega m}\cos\Omega t$。

式中，U_{cm} 为载波信号的电压振幅；ω_c 为载波信号的角频率；Ω 为调制信号的角频率。

　　为便于计算，设载波信号的初相角 θ_c 和调制信号的初相角 θ_0 均为零，则调制后的已调波（包络波）的数学表达式为

$$u_{AM}(t) = \left[U_{cm} + U_\Omega(t)\right]\cos(\omega_c t) = \left[U_{cm} + U_{\Omega m}\cos(\Omega t)\right]\cos(\omega_c t)$$

$$= U_{cm}\left[1 + (U_{\Omega m}/U_{cm})\cos(\Omega t)\right]\cos(\omega_c t) = U_{cm}\left[1 + md\cos(\Omega t)\right]\cos(\omega_c t)$$

$$= U_{cm}\cos(\omega_c t) + (md\,U_{cm}/2)\cos(\omega_c - \Omega)t + + (md\,U_{cm}/2)\cos(\omega_c + \Omega)t$$

二、标准调幅波的频谱

　　从上式可见，调制后的已调波的主要参数如下：

　　1）调制峰值为 $U_{m\,max} = U_{cm}(1 + md)$；

　　2）调制谷值为 $U_{m\,min} = U_{cm}(1 - md)$。

　　则得到调幅指数为 $md = (U_{m\,max} - U_{m\,min})/(U_{m\,max} + U_{m\,min})$。

　　调制后的已调波包含有三个频率成分，即载频 ω_c，上边频 $\omega_c + \Omega$，下边频 $\omega_c - \Omega$，如图 2-5 所示。

三、多频率信号的标准调幅

　　以上分析的调制信号 u_Ω 是单一频率的信号，而实际上调制信号都是由多频

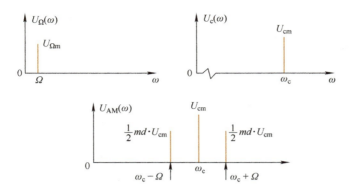

上下边频包含调制信号频率，表明携带调制信号特征，而载波分量与调制信号无关。

图 2-5   AM 调制的频谱关系（带宽 $BW = 2\Omega$）

率成分组成的，如语音信号的频率主要集中在 300 ~ 3400Hz。$BW_{AM} = 2\Omega_{max}$，所以一般语音信号 AM 已调波的带宽等于 6800Hz，相邻两个电台载波频率的间隔必须大于 6800Hz，通常取 10kHz。

调幅过程实质上是一种频谱线性的搬移，经过调制后，已调制信号的频谱由低频处搬移到载频附近，形成上下边带，如图 2-6 所示。

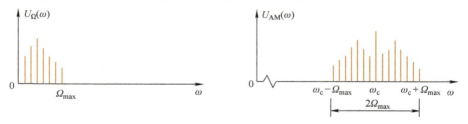

图 2-6   多频调制 AM 信号频谱图

四、调幅波各频率功率的分布

帕塞瓦尔公式定义为已调波 U_{AM} 在单位电阻上消耗的平均功率 P_{av} 应等于各个频率成分所消耗的平均功率之和，即等于载波功率 P_C 和边频功率 P_{SB} 之和

$$P_{av} = P_C + P_{SB}$$

载波功率为

$$P_C = \frac{1}{2}U_{cm}^2$$

边带功率 P_{SB} 等于上边频功率 P_{USB} 与下边频功率 P_{LSB} 之和。且上边频功率 P_{USB} 与下边频功率 P_{LSB} 相等，故有

$$P_{SB} = 2 \times \frac{1}{2}\left(\frac{md \cdot U_{cm}}{2}\right)^2 = \frac{1}{4}\ (md \cdot U_{cm})^2$$

总的边频功率等于

$$P_{SB} = \frac{1}{4}md^2 \cdot U_{cm}^2 = \frac{1}{2}md^2 P_C$$

所以，已调波在单位电阻上消耗的平均功率为

$$P_{AM} = P_C\left(1 + \frac{1}{2}md^2\right)$$

边频功率与总功率之比为

$$\frac{P_{SB}}{P_{AM}} = \frac{md^2}{2 + md^2}$$

当 $md = 1$ 时，比值达到最大值 0.33，可见从功率消耗方面而言，AM 调制是很不经济的。实现 AM 的方案如图 2-7 和图 2-8 所示，其输出 $u_{AM}(t)$ 为

$$u_{AM} = K_M U_{cm}\cos\omega_c t \cdot U_{\Omega m}\cos\Omega t + U_{cm}\cos\omega_c t$$
$$= U_{m0}(1 + md \cdot \cos\Omega t)\cos\omega_c t$$

式中，$md = K_M U_{\Omega m}$。

所以

$$u_{AM} = K_M U_D U_{cm}\left(1 + \frac{U_{\Omega m}}{U_D}\cos\Omega t\right)\cos\omega_c t$$

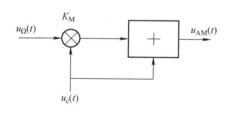

图 2-7　普通调幅波组成框图

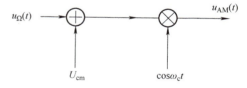

$$u_{AM}(t) = [U_{cm} + u_{\Omega}(t)]\cos\omega_c t = [U_{cm} + u_{\Omega m}\cos\Omega t]\cos\omega_c t$$

图 2-8　普通调幅波形成原理图

第三节　双边带调制与抑制载波双边带调制

一、双边带调制的概念

（一）常规双边带调制（DSB）

双边带调制属于模拟信号幅度调制的一种方法，基带信号调制后会在坐标轴 Y 轴两边分成两个部分，常规双边带调制会将原来的振幅利用算法分解成两个频

率相对较高的部分以便传输，接收端利用调制技术可以将信号解调为原始信号。

（二）抑制载波双边带调制（DSB - SC）

抑制载波双边带调制是双边带调制的一种特例，其输入的基带信号没有直流分量，且通过理想的带通滤波器滤波，得到的输出信号便是无载波分量的双边带信号，或称双边带抑制载波信号。一般称双边带调制在没有特别说明的情况下，均指抑制载波双边带调制。

抑制载波双边带调制属于模拟信号幅度调制的一种方法，相对常规调幅而言，调制信号中不含（或不加）直流，且已调信号频谱中没有载波 $[m(t)$ 均值为零] 成分，是传送上边带和下边带而抑制载波的一种调制。

抑制载波双边带调制的特点是如果要抑制载波，那么只要不附加直流分量 A_0，即可得到抑制载波的双边带调幅信号，接收端则可利用与调制相逆的技术将信号解调为原始信号。可见如果输入的基带信号没有直流分量，且经理想带通滤波器滤波，则得到的输出信号便是无载波分量的双边带信号。

（三）常规双边带调制与抑制载波双边带调制的比较

在图2-9中，当 $A_0 = 0$ 时，为抑制载波双边带调制；当 $A_0 \neq 0$ 时，为常规载波双边带调制。抑制载波双边带调制常用平衡调制器和环形调制器。在解调时只能采用相干解调的方法进行解调，而不能采用一般的检波法进行解调。

在解调端插入强载波，则可采用包络检波的方法进行解调，这就相似于常规双边带解调。这种解调方法常在"一发多收"的方案中，在信号发送端插入强载波。

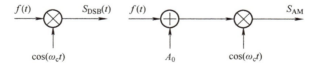

a) 抑制载波双边带调制   b) 双边带调制

图 2-9 抑制载波双边带调制与双边带调制区别原理框图

二、双边带调制的实现

在普通调幅中，载波分量是一个等幅的固定频率的正弦波，它不包含调制信号的信息，但却占有大部分功率，所以这种传输方式是不经济的。采用双边带调制就是要抑制载波，只传输两个边带的信号，用一个乘法器就可以实现双边带调制。图2-10所示为其框图。

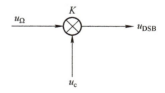

图 2-10 双边带调制实现框图

双边带调制的时间表达式为

$$S_{\text{DSB}}(t) = f(t)\cos\omega_c t$$

当 $f(t)$ 为确知的调制信号时，已调信号的频谱为

$$S_{\text{DSB}}(\omega) = \frac{1}{2}\left[F(\omega - \omega_c) + F(\omega + \omega_c)\right]$$

双边带调制的输出（电压或电流）计算式如下：

$$u_{\text{DSB}} = Ku_\Omega u_c = \frac{KU_{\text{cm}}U_{\Omega\text{m}}}{2}\left[\cos(\omega_c + \Omega)t + \cos(\omega_c - \Omega)t\right]$$

双边带调制的调制波形见图 2-11，频谱分布见图 2-12，实现电路见图 2-13。图中，K_M 为乘法器。作为抑制载波双边带调制，在满足上述要求的前提下，可以有多种方案予以实现。以下举两种可以实现的方法加以说明。

15

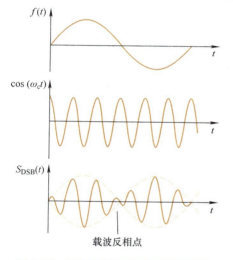

图 2-11　抑制载波双边带调制波形图

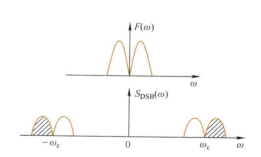

图 2-12　抑制载波双边带调制频谱图

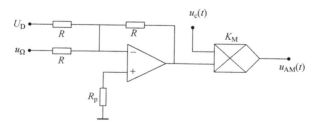

图 2-13　双边带调制实现电路图

（一）采用平衡调制器实现抑制载波双边带调制

其方法的原理框图如图 2-14 所示。由图 2-14 可知，非线性单元输入为

$$x_1 = f(t) + \cos\omega_c t, \quad x_2 = -f(t) + \cos\omega_c t$$

非线性单元输出为

$$y_1 = a_1 \left[f(t) + \cos\omega_c t \right] + a_2 \left[f(t) + \cos\omega_c t \right]^2$$

$$y_2 = a_1 \left[-f(t) + \cos\omega_c t \right] + a_2 \left[-f(t) + \cos\omega_c t \right]^2$$

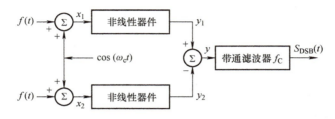

图 2-14 采用平衡调制器实现抑制载波双边带调制示意图

因此，经带通滤波器滤出下式的第 2 项即可：

$$y = y_1 - y_2 = 2a_1 f(t) + 4a_2 f(t) \cos\omega_c t$$

即

$$S_{\mathrm{DSB}}(t) = 2a_1 f(t)$$

（二）采用环形调制器实现抑制载波双边带调制

如果要抑制载波，那么只要不附加直流分量 A_0，即可得到抑制载波的双边带调制，其时间表达式为

$$C(t) = \frac{4}{\pi} \sum_{n=1}^{\infty} \frac{(-1)^{n-1}}{2n-1} \cos\left[2\pi f_C t (2n-1) \right]$$

当 $f(t)$ 为确知信号时，已调信号的频谱为

$$S(t) = C(t) \cdot f(t) = \frac{4}{\pi} \sum_{n=1}^{\infty} \frac{(-1)^{n-1}}{2n-1} \cos\left[2\pi f_C t (2n-1) \right] f(t)$$

其工作时，电路中的 D_1、D_2、D_3、D_4 分别导通，如图 2-15 所示。其调制器波形图如图 2-16 所示。

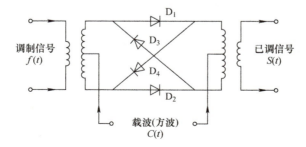

图 2-15 环形调制器工作原理图

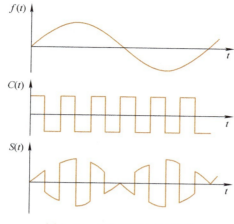

图 2-16　环形调制器波形图

三、单一频率的双边带调幅波

双边带调制为单一频率时，时域波形图如图 2-17 所示。

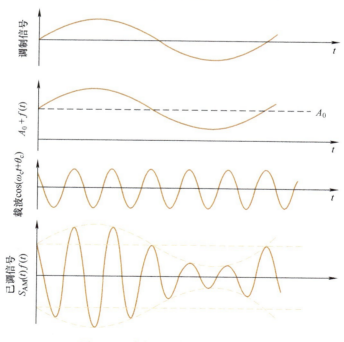

图 2-17　常规双边带调制波波形图

令 $f(t) = A_\mathrm{m}\cos(\Omega_\mathrm{m}t + \theta_0)$，则有以下调制信号：

$$S_{AM}(t) = [A_0 + A_m\cos(\Omega_m t + \theta_m)]\cos(\omega_c t + \theta_c)$$
$$= A_0[1 + md\cos(\Omega_m t + \theta_m)]\cos(\omega_c t + \theta_c)$$

式中，$md = \dfrac{A_m}{A_0}$ 即调幅指数，其值应不大于（≤）1。

四、调制信号为确定性信号时的已调信号频谱

令 $S_{AM}(t) = [A_0 + f(t)]\cos(\omega_c t + \theta_c) = \dfrac{1}{2}[A_0 + f(t)][e^{j(\omega_c t + \theta_c)} + e^{-j(\omega_c t + \theta_c)}]$。

若 $f(t)$ 的频谱为 $F(\omega)$，由傅里叶变换可得到

$$F[A_0] = 2\pi A_0\delta(\omega), \quad F[f(t)e^{\pm j\omega_c t}] = F(\omega \pm \omega_c)$$

$$S_{AM}(\omega) = \frac{1}{2}[2\pi A_0\delta(\omega - \omega_c) + F(\omega - \omega_c)]e^{j\theta_c} + \frac{1}{2}[2\pi A_0\delta(\omega + \omega_c) + F(\omega + \omega_c)]e^{-j\theta_c}$$

为简化起见，令 $\theta_c = 0$，则有

$$S_{AM}(\omega) = \pi A_0\delta(\omega - \omega_c) + F(\omega - \omega_c) + \pi A_0\delta(\omega + \omega_c) + F(\omega + \omega_c)$$

如果用卷积表示，令 $\theta = 0$，则有

$$S_{AM}(t) = [A_0 + f(t)]\cos(\omega_c t) = m(t)c(t)$$

式中，$m(t) = A_0 + f(t)$，$c(t) = \cos\omega_c t$。

$$M(\omega) = F[m(t)] = 2\pi A_0\delta(\omega) + F(\omega)$$
$$C(\omega) = F[\cos\omega_c t] = \pi[\delta(\omega - \omega_c) + \delta(\omega + \omega_c)]$$

可见，此结果与上述结果完全相同。

五、调制信号为多频率时双边带调制波

（一）调制信号波形

当调制信号为多频率时，其双边带调制信号波形图如图 2-18 所示。

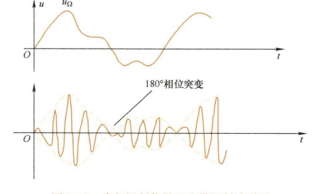

图 2-18　多频调制信号双边带调制波形图

（二）多频调制信号双边带调制的频谱分布

多频调制信号双边带调制的频谱分布如图 2-19 所示。

当调制信号的中心频率为 ω_c，频率范围为 $0 \sim \Omega_{max}$ 时，其频谱分布范围为

$$(\omega_c - \Omega_{max}) \sim (\omega_c + \Omega_{max})$$

可见，其频谱宽度为

$$B_{DSB} = (\omega_c + \Omega_{max}) - (\omega_c - \Omega_{max}) = 2\Omega_{max}$$

六、模拟乘法器的组成

模拟乘法器是对两个模拟信号（电压或电流）实现相乘功能的有源非线性器件。主要功能是实现两个互不相关信号相乘，即输出信号与两输入信号相乘积成正比。它有两个输入端口，即 X 和 Y 输入端口。在原理图中的乘法器可采用图 2-20 所示的差分放大器电路予以实现。

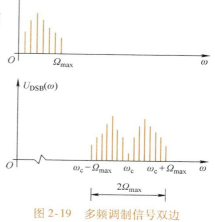

图 2-19　多频调制信号双边带调制的频谱分布图

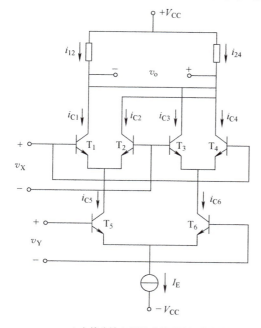

a) 由差分放大器组成的乘法器电路图

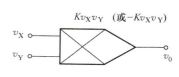

b) 乘法器的器件符号

图 2-20　乘法器的组成电路图

注：v_x，v_y 分别表示调制信号和载波信号；v_0 表示乘法器的输出信号。

七、双边带调制的功率及调制效率

当 $m(t)$ 为已知确定的信号时，其消耗功率为

$$P_{\text{DSB}} = \overline{S_{\text{DBS}}^2(t)} = \overline{m^2(t)\cos^2\omega_c t} = \frac{1}{2}\overline{m^2(t)} = P_{\text{S}}$$

$$S_{\text{AM}} = \overline{S_{\text{AM}}^2(t)} = \overline{[A_0 + f(t)]^2\cos^2\omega_c t}$$

$$\because \overline{f(t)} = 0, \quad \overline{\cos^2\omega_c t} = 0 \quad \therefore \ S_{\text{AM}} = \frac{A_0^2}{2} + \frac{\overline{f^2(t)}}{2} = S_{\text{C}} + S_{\text{f}}$$

式中，S_{C} 为载波功率；S_{f} 为边带功率。

（一）双边带调制的功率分配（平均功率）

从上式推导可见，平均功率的结果中包括载波功率和边带功率两个部分，由幅度调制的定义可知，只有边带功率才与调制信号有关，即为有效功率；而载波功率与调制信号无关，为无效功率，在信息传输中是功率的浪费。

（二）双边带调制的功率效率

于是，可以定义双边带调制的功率效率为

$$\eta_{\text{AM}} = \frac{S_{\text{f}}}{S_{\text{AM}}} = \frac{\overline{f^2(t)}}{A_0^2 + \overline{f^2(t)}}$$

当调制信号为单频率余弦信号时，功率效率为

$$\eta_{\text{AM}} = \frac{A_{\text{m}}^2}{2A_0^2 + A_{\text{m}}^2} = \frac{\beta_{\text{AM}}^2}{2 + \beta_{\text{AM}}^2} \quad \overline{f(t)^2} = A_{\text{m}}^2/2$$

当调制处于临界点时，$md_{\text{AM}} = 1$，调制效率的最大值为：$\eta_{\text{AM}} = 1/3$；

调制效率最高的调制信号是幅度为 A_0 的方波（脉冲波），其调制效率为 $\eta_{\text{AM}} = 1/2$。

可见，载波分量 C 是不带调制信息的，但是在传输过程中却占据了大量的功率。如果能够抑制载波分量，则可以节省这部分功率。于是演变出了一系列抑制载波分量传输的调制方式，如抑制载波双边带调制等。

第四节　单边带幅度调制

一、单边带调制的概念

（1）定义　单边带（Single Side Band，SSB）幅度调制是将信号的频谱从基带移到一个较高的频率上，而且在平移后的信号频谱内单边带调制原有频率分量的相对关系保持不变的调制技术，简称为单边带调幅或单边带调制。单边带调制也称作单边带抑制载波（SSB - SC）。

由于双边带中的任何一个边带都包含调制信号的全部信息，因而在调制器的输出端加一个带通滤波器，抑制一个边带而只传输另一个边带信息，就构成了单边带调制器。维弗法产生单边带信号的原理框图如图 2-21 所示。

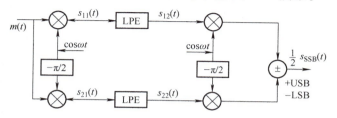

图 2-21　维弗法产生单边带信号原理框图

（2）特点　单边带调制也可看作是幅度调制的一种特殊形式，是一种可以更加有效地利用电能和带宽的调制技术。

因为双边带调制信号频谱由载频 f_C 和上边带、下边带组成，被传输的信息包含在两个边带中，而且每一边带均包含有完整的被传输的信息，所以只要发送单边带信号，就能不失真地传输信息。同时因采用了抑制载波技术，故可以避免将能量浪费在载波上。显然，把调制信号频谱中的载频和其中一个边带抑制掉后，余下的就是单边带信号的频谱。除广播外，单边带调制将逐步取代幅度调制，这是因为前者比后者具有突出的优点。

1）传输带宽：传输带宽不会大于信息带宽，为幅度调制频谱的一半。

2）载频被抑制：在幅度调制中当调制指数 $m = 1$ 时，发射功率的 2/3 集中在不带信息的载频上。所以在载频被抑制的情况下，不仅节省了功率，而且大幅度减小了电台间的干扰。

3）此外，单边带传输受传输中频率选择性衰落的影响也比幅度调制的小，而且没有门限效应等。

这些优点使单边带技术的应用远远超出了短波通信的范围。但是，单边带调制也有一定的局限性。

1）单边带技术要求有很高的系统频率准确度。对于传输语音信号，若只要求Ⅱ级单字清晰度，则系统频率误差小于 ±100Hz 就已足够；若要反映较好的自然度，则系统频率误差应小于 ±20Hz。对于传输数据信号，则要求有更高的频率准确度，通常频率误差不允许超过 2Hz，过高的频率准确度要求会限制单边带调制在广播业务中的应用。

2）此外，单边带调制不能处理比较低的基带频带，在处理过程中必然带来时间延迟，这些缺点在一定程度上也影响了单边带技术的应用。

3）因为需要除去一个边带的信号和载波信号，所以设备变得稍微复杂一些，成本也会增加一些。

（3）研发历史及应用概况　单边带调制技术由美国的约翰·伦肖·卡森于 1915 年 12 月 1 日发明。美国海军曾在它的无线电电路中试验过单边带调制。1927 年 1 月 7 日，从纽约到伦敦的长波跨大西洋公共无线电话电路开始，单边带调制第一次进入商业服务。大功率单边带发射机位于纽约罗基波因特和英国拉格比，接收机位于缅因州霍尔顿和苏格兰库珀的僻静之处。

从 1933 年开始，在短波通信中，大多越洋电话和洲际电话都用导频制单边带传输。自 1954 年以来，载频全抑制单边带调制迅速在军用和许多专用无线电业务中取代幅度调制。在载波电话、微波多路传输和地空的电话通信中，单边带技术已得到了广泛的应用，并且已使用在卫星至地面的信道和移动通信系统中。

单边带调制一般使用在长途电话线路上，是频分复用（FDM）技术的一部分。频分复用技术首先在 20 世纪 30 年代被电话公司使用，这一技术使得多路语音信号可以通过一条物理电路进行传输。单边带调制技术通过将信道分为 4000Hz 的等份，每一份传输频宽为 300～3400Hz 的语音信号。

之后，业余无线电爱好者开始试验单边带调制。从那时起，它就成了事实上的长距离语音无线电通信的标准。

二、单边带调制的种类

1. 单边带调制按信号频谱形式可分为三类

1）原型单边带：只利用一个边带单边带调制传输消息。

2）独立边带：仍然发送双边带信号，但这两个边带各含若干路不同的消息。

3）残留单边带：发送一个边带再加上另一个边带的一小部分的信号。载频信号可以发送，也可以不发送。

2. 单边带调制按载频发送电平的大小又分为三类

1）载频全抑制制：只发送边带信号，不发送载频信号。

2）导频制：除了发送边带信号外，还发送一个低电平的载频信号作为导频，它通常用于超音速飞机或人造卫星中的单边带设备。发出导频是为了给收信端单边带装置中的恢复载频锁相环提供参考频率源。

3）兼容单边带制：即载频电平全发送的原型单边带，采用兼容单边带的电台可以和调幅电台互通。

三、单边带信号产生方法

1. 滤波法产生单边带信号

调制的方法有多种，其中最常用的是滤波法。用滤波法实现单边带调制，采用双边带信号形成和无用边带抑制两步完成。双边带信号由平衡调制器形成，由于调制器的单边带调制平衡作用，载频电平被抑制到很低。对于无用边带的抑制，由在平衡调制器后面的边带滤波器完成。

边带滤波器为一个带通滤波器，若下边带为无用边带，则恰当地选择其中心频率和通带宽度，让上边带信号通过而抑制下边带。

当需要形成多路独立边带信号时，就需要有相应数目的单边带信号产生器，它们具有不同的载频和不同中心频率的边带滤波器。然后把这些占有不同频段的单边带信号线性相加，便可得到多路独立边带信号。图 2-22 所示为采用滤波法产生单边带信号的示意图，其结构及频谱宽度如图 2-23 所示。

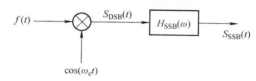

图 2-22 采用滤波法产生单边带信号示意图

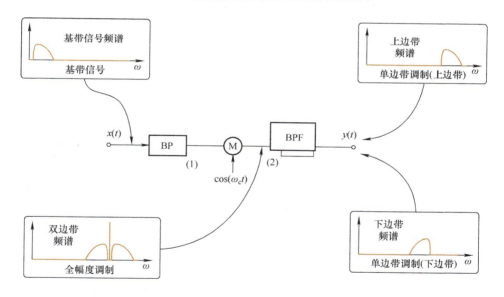

图 2-23 滤波法调制结构及频谱宽度示意图

1）优势：单边带调制只传输双边带调制信号的一个边带，节省了频带，是最直观的调制方法，原理简单，易于理解。

2）缺点：其信号包络线不能反映调制信号的波形，不能采用简单的包络检波的方法解调，必须采用相干法解调。

2. 相移法幅度调制

另外一种产生单边带调制信号的方法为哈特利调制，这种调制方法是根据

R. V. L. 哈特利命名的。该调制方法使用相移方法来抑制不需要的边带。

上述单边带调制的滤波法要求滤波器过渡带很陡，调制信号中低频成分越丰富，滤波器的过渡带要求越窄，实现起来就越困难。所以，调制信号中低频成分越丰富，越难以达到频率特性的设计指标。这时可采用另一种方法，即相移法予以解决。

具体方法是必须先将原始信号宽带相移 $-90°$，载波信号也相移 $-90°$，再将原信号与原载波信号调制，相移后的信号与相移后的载波信号调制，这样就生成了两个调制后的信号。这两个调制后的信号通过加减，就可以获得边带信号。这种调制方法的一个好处就是它可以允许解析单边带信号的表达式，这样有利于更好地理解单边带信号的同步检测效果。

将信号相移90°无法通过简单的延迟信号得到。在模拟电路中，通常使用相移网络来实现。在真空管收音机流行的年代，这种方法非常流行，但后来因为成本的问题，使用得越来越少了。不过，现在这种调制方法在业余无线电和数字信号处理器领域很流行。利用希尔伯特变换，可以在数字电路中以低成本实现这种调制方法。因其在现在正式场合应用较少，故其原理不再赘述。图 2-24 所示为采用相移网络法产生单边带信号的示意图。

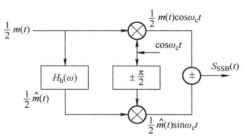

图 2-24　采用相移网络法产生单边带信号示意图

可见，滤波法调制的电路结构及原理比较简单，但其所用的滤波器的频率特性很难做到陡峭的截止特性，必须是高 Q 值的多节滤波器，即有较高的阻带衰减特性，体积较大，且对于不同的工作频率需要有不同的滤波器，还需要现场进行仔细调试；或者采用多级（一般采用 2 级）双边带调制，即先在较低的载频上进行双边带调制，目的是增大过渡带的归一化值，以利于滤波器的制作；再在要求的载频上进行第二次调制和滤波。

例1　要求经过滤波后的语音信号最低频率为300Hz，经过 2 级滤波予以解决。

设边带滤波器的归一化值不小于 0.01，目标载频为 6MHz。

设计第 1 级调制的过渡带为 600MHz，中心频率设计为 60kHz；设计第 2 级调制的过渡带为 120.6kHz，中心频率最大可设计为 12.06MHz。

可达到设计要求。

3. 维弗法调制产生单边带信号

滤波法单边带调制虽然直观，原理简单，但是在调制信号中均具有丰富的低频信号 $f(t)$，而滤波器具有锐截止特性，很难有合乎陡峭特性要求的滤波器，只能采取多级调制滤波的办法。而且多级调制滤波往往置于发射的末级，这样会消耗 2/3 的发射功率。

对于相移法单边带调制的优点，对滤波法的改进是不言而喻的。但是对于希尔伯特滤波器的传递函数 $H(\omega)$ 为一个宽带移相网络，必须在 $f(t)$ 幅度不变的情况下，所有的频率分量均相移 90° 的最大困难是宽带移相网络的制作，要求对所有频率分量都准确、稳定地相移 90°。这一点即使近似达到也是比较困难的，所以就提出了维弗法单边带调制。

维弗法调制（Weaver）仅使用低通滤波和正交混合就可以实现，是数字化的理想方法。它可以看作是滤波法和相移法的组合，所以也称作混合法。该方法的主要特征是利用载频的正交分量，只需对载波进行相移 90°，而对于信号不需要相移。并且边带滤波在低频范围内易达到要求，易实现实际电路的完成。

维弗法调制的过程是首先信号经过正交调制，然后经过低通滤波，再经过正交调制，最后取其和则获得上边带信号，取其差则获得下边带信号。

单边带信号的解调除了载频全发送的兼容单边带和残留单边带可以用包络检波外，其他各类单边带的解调只能用单边带产生的相反过程来完成，即仍用平衡调制器完成单边带信号频谱向基带的平移，并通过紧跟在调制器之后的低通滤波器提取有用的基带信号，抑制无用的边带信号。

一个调幅信号由载波信号和两个频移后的调制信号构成。两个频移后的调制信号分别在载波信号的两侧，其中频率较低的那个信号是频率反转后的信号，俗称为下边带。

一种生成单边带调制信号的方法是将其中一个边带通过滤波除去，只留下上边带或者下边带，并且载波一般也需要经过衰减或者完全滤除（抑制）。这通常称为抑制单边带载波。假如原调制信号的两个边带是对称的，那么经过这一变换后并不会造成任何的信息遗失。因为最终的射频放大器只发射一个边带，这样有效输出功率就会比普通调幅方式的大。单边带调制虽然具有使用带宽小、节省能量的优点，但是它无法被普通的调幅检波器解调。

四、单边带调制的频谱分布

综上所述，假设载波频率为 ω_c，语音信号频谱如图 2-25a 所示，在理想的边带滤波器响应特性或实际的边带滤波器响应特性条件下，得到理想的单边带输出信号频谱或实际的单边带输出信号频谱分别如图 2-25a ~ f 所示，相应的调制电路结构图如图 2-25g 所示。

从图中可见，实际的边带滤波器的响应特性并非为稳定的恒定阻带衰减特性，而且需要多节滤波器才能达到要求的指标，这是单边带调制的最大弱点，也是引入残留边带调制（VSB）的原因所在。

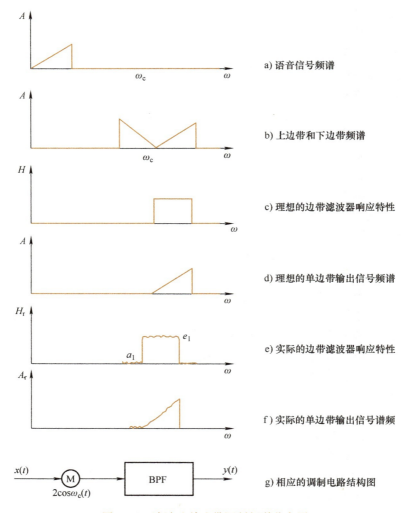

a) 语音信号频谱

b) 上边带和下边带频谱

c) 理想的边带滤波器响应特性

d) 理想的单边带输出信号频谱

e) 实际的边带滤波器响应特性

f) 实际的单边带输出信号谱频

g) 相应的调制电路结构图

图 2-25　滤波法单边带调制频谱分布图

可见单边带信号的频谱为

$$S_{\mathrm{SSB}}(\omega) = S_{\mathrm{DSB}}(\omega) \cdot H(\omega)$$

五、单边带调制的数学表达式

设 $s(t)$ 为基带波形信号

$$s(t) = \sum A_i \cdot \cos(\omega_i + \varphi_i)$$

而载波信号为

$$c(t) = 2\cos\omega_c t$$

则经过平衡调制器调制后，其输出信号为

$$y_i(t) = \sum A_i\cos\left[(\omega_c + \omega_i)t + \varphi_i\right] + \sum A_i\cos\left[(\omega_c - \omega_i)t + \varphi_i\right]$$

可见，经过平衡调制器调制后，产生了一个上边带和一个下边带，且上边带与下边带间有一定的频率间隔，所以可以用带通滤波器或带阻滤波器从中提取一个边带，确切地说，用一个带内波动在 $(\omega_c + \omega_i)$ 处为 e_i，在 $(\omega_c - \omega_i)$ 处有 a_i 的衰减，其相位是任意的带通滤波器（BPF），从中取出上边带信号，则输出信号为

$$y(t) = \sum A_i(1 + e_i)\cos\left[(\omega_c + \omega_i)t + \varphi_a\right] + \sum A_i a_i\cos\left[(\omega_c - \omega_i)t - \varphi_a\right]$$

如果 BPF 的带内波动很小，阻带衰减很大，则可简化如下：

$$y(t) = \sum A_i\cos\left[(\omega_c + \omega_i)t + \varphi_a\right]$$

可见，单边带调制的时域数学表达式为

$$S_{SSB}(t) = \frac{1}{2}m(t)\cos\omega_c t \mp \frac{1}{2},m(\hat{t})\sin\omega_c t$$

用角频率表示则为

$$S_{SSB}(\omega) = \frac{\pi}{2}M(\omega - \omega_c)\left[1 \pm \mathrm{sgn}(\omega - \omega_c)\right] + \frac{\pi}{2}M(\omega - \omega_c)\left[1 \mp \mathrm{sgn}(\omega + \omega_c)\right]$$

式中，若取"＋"号，则为下边带的单边带调制（L－SSB）；若取"－"号，则为上边带的单边带调制（U－SSB）。

六、单边带调制的功率

由于单边带调制仅仅包含一个边带，因此单边带调制信号的功率为双边带调制信号功率的一半，即

$$P_{SSB} = \frac{1}{2}P_{DSB} = \frac{1}{4}\overline{m^2(t)}$$

在上边带调制，只传送上边带信号，其上边带时域数学表达式为

$$u_{SSB上} = U_{m0}\cos(\omega_c + \Omega)t$$

在下边带调制，只传送下边带信号，其下边带时域数学表达式为

$$u_{SSB下} = U_{m0}\cos(\omega_c - \Omega)t$$

而且，单边带调制信号不含载波成分，所以单边带幅度调制的效率也为100%。可见，单边带调制在功率消耗方面的优势在于载波发射功率和调制效率高。但是由于滤波器截止频率陡峭特性在制作上难以实现或调试不方便，实际应用上较少，因此引入了介于双边带调制和单边带调制之间的残留边带调制的调幅概念和方法。

第五节　残留边带调制

一、残留边带调制的概念

定义：残留边带（Vestigial Side Band，VSB）调制是一种幅度调制（AM）法。在残留边带调制中，除了传送一个边带外，还保留了另外一个边带的一部分。是介于单边带调制与双边带调制之间的一种调制方式，它既克服了双边带调制信号占用频带宽的问题，又解决了单边带滤波器不易实现的难题。

它的几何含义是残留边带滤波器的传输函数在载频附近必须具有互补对称性，它可以看作是对截止频率为理想滤波器的进行平滑的结果，习惯上，称这种平滑为滚降。显然，由于滚降，滤波器截止频率特性的陡度变缓，实现难度降低，但滤波器的带宽会变宽。单边带调制与残留边带调制有密切的关系。

残留边带调制的特点是对于具有低频及直流分量的调制信号，用滤波法实现单边带调制时所需要的过渡带无限陡的理想滤波器，在残留边带调制中已不再需要，这就避免了实现上的困难。

它是在双边带调制的基础上，通过设计滤波器，使信号一个边带的频谱成分原则上保留，另一个边带频谱成分只保留小部分（残留），是介于单边带调制与双边带调制之间的一种调制方式，它既克服了 DSB 信号占用频带宽的问题，又解决了单边带滤波器不易实现的难题，其结构如图 2-26 所示。

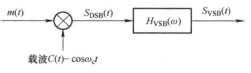

图 2-26　残留边带调制的调制结构图

残留边带信号显然不能简单地采用包络检波，而必须采用相干解调。由于残留边带调制基本性能接近单边带调制，而残留边带调制中的边带滤波器比单边带调制中的边带滤波器容易实现，所以残留边带调制在广播电视、通信等系统中得到广泛应用。

残留边带滤波器的特性 $H(\omega)$ 在 $+\omega$ 处必须具有互补奇对称特性，每一种形式的滚降特性曲线并不是唯一的，如图 2-27 所示。

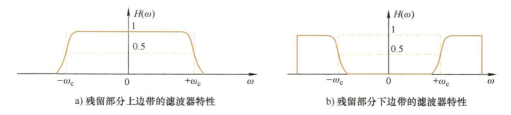

a) 残留部分上边带的滤波器特性　　　　b) 残留部分下边带的滤波器特性

图 2-27　残留边带滤波器互补奇对称特性

二、残留边带调制的频谱分布

图 2-28 描述了残留边带调制的频谱分布的概况。从图中可见，在所需传送信息 U_Ω 的频率为 Ω_{max} 时，如图 2-28a 所示，双边带调幅波的频谱范围如图 2-28b 所示，而对于残留边带调制的频谱范围从除了下边带（或者上边带）完整的频谱外，还残留了一小部分上边带（或者下边带）的频谱，如图 2-28c 所示。

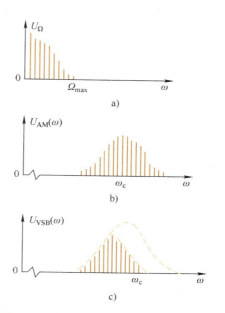

其外侧虚线为双边带频谱范围，而内侧虚线部分为残留边带调制的频谱范围。即除了载波中心频率 ω_c 左侧的下边带全部存在外，载波中心频率 ω_c 右侧的上边带也残留了很少一部分频谱范围。可见，残留边带调制的频谱范围，可以看作是对双边带调制频谱范围的上边带大部分频谱

图 2-28   残留边带调制的频谱分布示意图

的切割，使之节约一部分频谱范围和载波频率的功率消耗；也可以看作是对单边带调制频谱范围的上边带一小部分频谱的保留，使之大幅度降低了对单边带调制复杂滤波器的严格要求，而使调制器和解调器得以在低功率、窄频谱、易于实现的优势下得到广泛应用。可见，残留边带调制信号的频谱表达式为

$$S_{VSB}(\omega) = S_{DSB}(\omega) \cdot H_{VSB}(\omega) = \frac{1}{2}[M(\omega + \omega_c) + M(\omega - \omega_c)] \cdot H_{VSB}(\omega)$$

关键问题是确定残留边带滤波器的传输特性，即 $H_{VSB}(\omega)$ 应满足的条件。因残留边边带调制信号不能简单地采用包络检波的方法进行解调来恢复原基带信号，而必须采用相干解调。其解调原理图如图 2-29 所示。

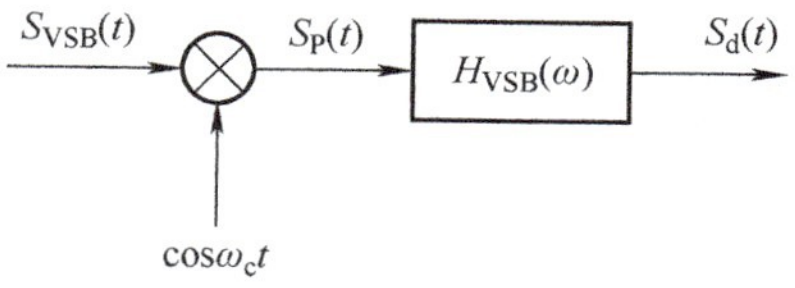

图 2-29   残留边带调制信号解调原理图

$$S_{VSB}(\omega) = S_{DSB}(\omega) \cdot H_{VSB}(\omega) = \frac{1}{2}[M(\omega + \omega_c) + M(\omega - \omega_c)]H_{VSB}(\omega)$$

$$\therefore \ S_p(\omega) = \frac{1}{2}[S_{VSB}(\omega + \omega_c) + S_{VSB}(\omega - \omega_c)]$$

$$= \frac{1}{4}[M(\omega + 2\omega_c) + M(\omega)]H_{VSB}(\omega + \omega_c) +$$

$$\frac{1}{4}[M(\omega) + M(\omega - 2\omega_c)]H_{VSB}(\omega - \omega_c)$$

$$\therefore \ S_P(t) = S_{VSB}(t)\cos\omega_c t$$

29

进行频率与角频率变换

$$S_{\text{VSB}}(t) \Leftrightarrow S_{\text{VSB}}(\omega)$$

即

$$\cos\omega_{c}t \Leftrightarrow \pi[\delta(\omega + \omega_{c}) + \delta(\omega - \omega_{c})]$$

从以上公式推导来看，要保证相干解调的输出无失真地恢复调制信号 $m(t)$，则要求满足以下条件：首先是用调制信号、载波信号和残留边带滤波器的傅里叶变换式表示残留边带的傅里叶变换，再利用残留边带的傅里叶变换和载波的傅里叶变换滤除某些项后用来表示解调后的信号，从中找到残留边带滤波器的傅里叶变换表达式。以此用来作为滤波器的设计依据。

三、残留边带调制的基本原理

残留边带调制是介于单边带与抑制载波双边带调制的一种方法。除了传送一个边带之外，还保留了另一个边带的一部分，即过渡带。

为搬移频谱，它们可由解调器中的低通滤波器滤除，则低通滤波器的输出频谱为

$$S_{\text{d}}(\omega) = \frac{1}{4}M(\omega)[H_{\text{VSB}}(\omega + \omega_{c}) + H_{\text{VSB}}(\omega - \omega_{c})]$$

$$H_{\text{VSB}}(\omega + \omega_{c}) + H_{\text{VSB}}(\omega - \omega_{c}) = \text{constant}, |\omega| \leqslant \omega_{\text{H}}$$

式中，ω_{H} 为调制信号的截止角频率。

残留边带调制的优势在于因为其介于双边带调制与单边带调制之间，所以既具有双边带调制电路实现较容易，解调较简单的优点，又具有单边带调制具有的节约频谱宽度、辐射功率和效率较高的优点。

一般地讲，线性调制可以分为广义线性调制和狭义线性调制。其中狭义的线性调制只改变频谱中各分量的频率，但不改变各分量振幅的相对比例，使上边带的频谱结构与调制信号的频谱相同，下边带的频谱结构则是调制信号频谱的镜像。前述的幅度调制、抑制载波双边带调制、单边带调制和残留边带调制均属于狭义的线性调制的范畴。广义的线性调制是指已调波中被调参数随调制信号呈线性变化的调制过程。

残留边带调制同样可以用移相法，而实际上大都采用滤波法。滤波法可分为残留部分上边带的方法和残留部分下边带的方法。残留边带滤波器的传递函数在载频附近必须具有互补对称特性，为了保证相干解调的结果不失真，即

$$H_{\text{VSB}}(\omega - \omega_{c}) + H_{\text{VSB}}(\omega + \omega_{c}) = \text{常数}$$

残留边带滤波器衰减特性可以较陡峭，满足单边带调制信号的要求，也可以较平缓，与双边带调制信号的要求相同，进行合适的选择。滤波器的衰减滚降特性，有直线滚降和余弦滚降（电视信号）。

第六节　幅度调制的性能比较

一、幅度调制、双边带调制、单边带调制和残留边带调制性能比较

对于幅度调制/解调系统，原理上采用滤波法既可解决限制频带宽度，又可节省载波频率发送的问题，即采用单边带调制信号发送与接收。但是由于发送带通滤波器和接收带通滤波器很难做到陡峭的截止频率，而且需要按照各个系统进行单独调试，不易实现规范化、产业化的一致性生产制作。所以难以采用滤波法调制，而要采用移项网络调制。不能采用简单的检波解调，而要采用相干法解调。所以除标准幅度调制（AM）外，产生了双边带（DSB）调制、抑制载波双边带（DSB – SC）调制、残留边带（VSB）调制和单边带（SSB）调制等多种调制/解调方法。

各种调制/解调方式的比较主要在于：发送端的发送信号、接收端的接收信号的频率范围，也就涉及信号的频谱宽度；信号中是否含有载波频谱或含有载频分量的多少；自然所发送信号的平均功率和功率的效率，即调制信号功率所占全部功率的比例，与发送信号所包含的内容紧密相关；调制/解调器系统实现的难易程度与采取的方法相关。

采用滤波法完成各种调制/解调的原理框图如图 2-30 所示。

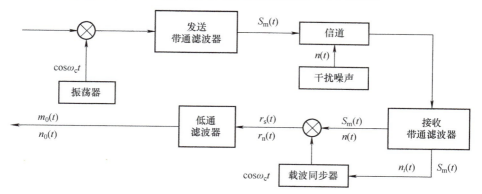

图 2-30　幅度调制/解调系统原理框图

二、幅度调制、双边带调制、单边带调制和残留边带调制信号的频率范围和频谱宽度比较

双边带调制、单边带调制和残留边带调制的频谱比较示意图如图 2-31 所示。其发送和接收的频率范围和频谱宽度见表 2-1 中相关部分所示。

发送频率和频带宽度（F 为调制频率，f 为载波频率）如下：

1）幅度调制（AM）：$B_{AM} = 2F$，发送频率范围：$-f_H \sim +f_H$；

2）双边带（DSB）调制：$B_{DSB} = 2F$，发送频率范围：$f_C - f_H \sim f_C + f_H$；

3）抑制载波双边带（DSB－SC）调制：$B_{DSB-SC} = 2\Omega_{max}$，发送频率范围：$f_C - f_H \sim f_C + f_H$；

4）残留边带（VSB）调制：$B_{VSB} > f_H$，$B_{VSB} \approx f_H$，发送频率范围：$(f_C - f_H)$（部分）$\sim (f_C + f_H)$ 或 $(f_C + f_H)$（部分）$\sim (f_C - f_H)$；

5）单边带（SSB）调制：$B_{SSB} = f_H - f_C \approx f_H$，发送频率范围：$f_L \sim f_H$。

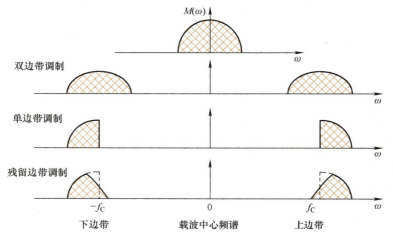

图 2-31　双边带调制、单边带调制和残留边带调制的频谱比较示意图

三、幅度调制、双边带调制、单边带调制和残留边带调制信号发送功率和功率效率的比较

幅度调制的功率计算如下：

令：① 调制信号为单一频率的余弦函数信号；

② 载波功率为 P_C；　　　　　③ 载波信号振幅为 U_{cm}；

④ 调制系数为 md　　　　　　⑤ 上边频功率为 P_{USB}；

⑥ 下边频功率为 P_{LSB}；　　　⑦ 调制信号总功率为 P_Σ；

⑧ 调制信号最大瞬时功率为 P_{max}；　⑨ 负载电阻为 R_L。

则有：

① 载波功率：$P_C = \dfrac{1}{2} \dfrac{U_{cm}^2}{R_L}$；

② 上边频、下边频功率：$P_{USB} = P_{LSB} = \dfrac{1}{2}\left(\dfrac{md \cdot U_{cm}}{2}\right)^2 \dfrac{1}{R_L} = \dfrac{1}{4}md^2 \cdot P_C$；

③ 上边带功率：$P_\Omega = P_{USB} + P_{LSB} = \dfrac{1}{2}md^2 \cdot P_C$；

④ 总平均功率：$P_\Sigma + P_C + P_{USB} + P_{LSB} = P_C + \dfrac{1}{2}md^2 \cdot P_C = \left(1 + \dfrac{1}{2}md^2\right)P_C$；

⑤ 最大瞬时功率：$P_{max} = (1 + md^2)\dfrac{U_{cm}^2}{2R_L}$。

调幅的标准幅度调制、双边带调制、单边带调制和残留边带调制的发送功率和接收功率，以及功率效率的比较见表 2-1 中相关部分所示。

四、幅度调制的调制/解调特性的比较

调幅的标准幅度调制（AM）、双边带（DSB）调制、单边带（SSB）调制和残留边带（VSB）调制有关载频的频带范围、频带宽度的比较；所发射信号形式、发射功率及功率效率等特性参数的比较；各种调制的调制/解调方法、滤波器截止频率特性、实现的难易程度及各自的优缺点的比较，均归纳在表 2-1 中。

33

表 2-1　连续波调制技术参数比较表

序号	比较内容	调制类型 载频（f_C），上边频（$f_C + f_H$），下边频（$f_C - f_H$），频谱宽度（B）， 载波角频率（ω_c），调制信号角频率（Ω），调制信号最高频率（f_H）， 调制信号最低频率（f_L），发送载波功率（P_C），发送调制信号功率（P_{SB}）			
	频谱与 频带宽度	幅度调制	双边带调制 （DSB – SC）	残留边带调制	单边带调制
1	频带范围	$-f_H \sim +f_H$	$f_C - f_H \sim f_C + f_H$	$(f_C - f_H)$（部分） $\sim (f_C + f_H)$ 或： $(f_C + f_H)$（部分） $\sim (f_C - f_H)$	$f_L \sim f_H$
2	频带宽度	$B_{AM} = 2f_H$	$B_{DSB} = 2f_H$ ★$B_{DSB-SC} = 2f_H$	$B_{VSB} > f_H$ $B_{VSB} \approx f_H$	$B_{SSB} = f_H - f_L$ $\approx f_H$ （$f_H >> f_L$）
3	关于载频	发送载频	发送载频 ★发送部分载频	发送小部分载频	不发送载频
4	频带宽度 排序	④	④★③	②	①
5	发送信号	$\omega_c + (\omega_c + \Omega)$ $+ (\omega_c - \Omega)$	$\omega_c + (\omega_c + \Omega)$ $+ (\omega_c - \Omega)$ ★ω_c 部分 $+ (\omega_c + \Omega) + (\omega_c - \Omega)$	$(\omega_c + \Omega) +$ $(\omega_c - \Omega)$（小部分） 或 $(\omega_c - \Omega) +$ $(\omega_c + \Omega)$（小部分）	$(\omega_c + \Omega)$ 或 $(\omega_c - \Omega)$

（续）

序号	比较内容	调制类型 载频（f_C），上边频（$f_C + f_H$），下边频（$f_C - f_H$），频谱宽度（B）， 载波角频率（ω_c），调制信号角频率（Ω），调制信号最高频率（f_H）， 调制信号最低频率（f_L），发送载波功率（P_C），发送调制信号功率（P_{SB}）			
	频谱与频带宽度	幅度调制	双边带调制（DSB - SC）	残留边带调制	单边带调制
6	发射功率	$P_{AM} = P_C + P_{SB}$	$P_{DSB} = P_C$ $+ P_{SB}$（双边频） $= 2P_{SSB}$ ★$P_{DSB} = P_C$（部分） $+ P_{SB}$（双边频） $\approx 2P_{SSB}$	P_{VSB} $= P_{SB}$（单边频） $+ P_C$（小部分）	P_{SSB} $= P_{SB}$（单边频）
7	功率效率	$\eta \approx 33.3\%$（线性） $\eta \approx 50\%$（脉冲）	$\eta = P_{SB}$（单）/ （P_{SB}（双）$+ P_C$） $\approx 33.3\%$（线性） $\eta \approx 50\%$（脉冲） ★$\eta > 50\%$（脉冲） $\eta > 33.3\%$ 线性）	$\eta \approx P_{SB}$（单边频）/ （P_{SB}（单）$+$ P_C（小部分））	$\eta = 100\%$
8	发射功率排序	④	④★③	②	①
9	属性	线性调制/解调	模拟调制/解调	幅度调制/解调	特殊调幅形式
10	调制/解调方法	直接调制/解调（滤波法）	滤波法 ★移相/相干法	移相/相干法	滤波法
11	滤波器截止频率特性	100% 调制	100% 调制	比较陡峭	难以做到陡峭
12	实现的难易程度	容易	容易	较易	难
13	主要优点	利用包络检波法解调时，设备较简单	双边带调幅信号中仅包含两个边频，无载波分量，调制效率高	既克服了双边带信号占用频带宽的问题；又解决了单边带滤波器不易实现的难题，已不再需要滤波器	频带利用率高
14	主要缺点	调制效率低，频带利用率低	频带利用率低，其频带宽度仍为调制信号频率的2倍；移相调制/相干解调设备比较复杂	移相调制/相干解调设备比较复杂	用滤波法主要缺点是需要具有陡峭截止特性的滤波器，而制作困难，特别是对于具有丰富低频分量的基带信号

34

第七节　角度调制之——频率调制

一、角度调制的概念

一个正弦载波有幅度、频率、相位三个参量，幅度调制属于线性调制。因此，不仅可以把调制信号的信息寄托在载波的幅度变化中，还可以寄托在载波的频率和相位变化中。

这种使高频载波的频率或相位按照调制信号规律地变化，而振幅恒定的调制方式称为角度调制。因为频率或相位的变化都可以看成是载波角度的变化，故调频和调相又统称为角度调制。所以，角度调制包括频率调制（FM）和相位调制（PM），分别简称为调频和调相。

在应用方面，频率调制一般用于电报通信、调频广播、无线电视、模拟通信系统等领域，而相位调制一般应用于数字通信的相移键控领域。

二、频率调制的概念及原理

（一）频率调制的概念

定义：调频波是指为了利用波的传播特性来传递信息，将所需传递的信息（如语言、音乐或图像信号）对载波的频率进行的调制方式叫作调频，经过调频的波叫作调频波。

接收端只要对调频波的频率解调，即可得到该波所携带的信息。因为外界的噪声干扰对频率的干扰很小，因此被解调的信号质量较高。

在频率调制中，应注意三个频率量。

1）载频 ω_c：载波信号 $v_c(t) = V_{cm}\cos\omega_c t$。

2）调制频率 Ω：表征已调信号的瞬时频率变化的快慢（调制信号 $v_\Omega(t) = V_{\Omega m}\cos\Omega t$）。

3）最大频偏 $\Delta\omega_m$：表征瞬时频率摆动的幅度，取决于调制信号幅度的大小，但与调制信号的频率无关（调频信号时域表达式：$\omega(t) = \omega_c + \Delta\omega(t) = \omega_c + \Delta\omega_m\cos\Omega t$）。

最大频偏 $\Delta\omega_m = K_f V_{\Omega m}$，最大频偏与调制信号的幅度成正比。

以上三个频率量一般均满足 $\Omega \ll \omega_c$，$\Delta\omega_m \ll \omega_c$。

可见，调频前载波信号为 $\omega = \omega_c$，调频后载波信号为 $\omega(t) = K_f v_\Omega(t)$。

（二）基本原理

能够完成调频功能的电路被称为调频器或调频电路，也就是用调制信号改变载波振荡器频率的方法。其原理是用一可变电抗元件并联于谐振回路中，用低频的调制信号控制可变电抗元件的电抗参数的变化，使载波振荡器的振荡频率发生变化，其原理图如图 2-32 所示。

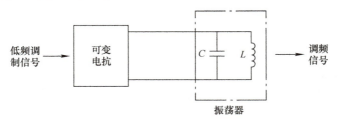

图 2-32　调频电路原理图

　　频率调制（FM）在电子音乐合成技术中是最有效的合成技术之一。它最早于 20 世纪 60 年代由美国斯坦福大学约翰·卓宁（John Chowning）博士提出。卓宁当时只是在完成无线电广播发射中最常用的调频技术（也就是 FM 广播）。但卓宁的偶然发现，却使这种传统的调频技术在声音合成方面有了新的用武之地。当卓宁领悟了 FM 的基本原理后，他开始着手研究 FM 理论合成技术，并在 1966 年成为使用 FM 技术制作音乐的第一人。

三、频率调制的特点

　　调频波（调频信号）的特点如下：

　　1）频率随调制信号振幅的变化而变化，已调波频率变化的大小由调制信号的大小决定。

　　2）已调波频率变化的周期由调制信号的频率决定，而调频波的幅度却始终保持不变。

　　3）调频波的波形就像是一个被压缩得不均匀的弹簧。

　　4）当调制信号的幅度为零时，调频波的频率被称为中心频率 ω_0。

　　5）当用一个完整的调制信号（即调制信号的幅度做正负变化）对高频载波进行调频时，调频波的频率就围绕着 ω_0 而随调制电压线性地改变。

　　6）当调制信号向正的方向增大时，调频波的频率就高于中心频率；当调制信号向着负的方向变化时，调频波的频率就低于中心频率。

　　7）调制信号的幅度越大，频率的偏移也越大，调频波以其频率的变化代表着调制信号的特征。

　　在应用上，中波广播使用的是调幅制，载波频段为 550 ~ 1600kHz，主要靠地波传播，也伴有部分天波；调频制无线电广播多用超短波（甚高频）无线电波传送信号，使用频率为 88 ~ 108MHz，主要靠空间波传送信号。

四、调频波的数学表达式

在调频波的数学表达式中，符号的意义如下：

ω_c——载波的中心频率；

$\Delta\omega$——频率的偏移量$[\Delta\omega = K_f u_\Omega(t)]$；

$\Delta\omega_m$——最大的频率偏移；

m_f——频率调制指数（调频指数）；

K_f——调频比例常数。（由调制电路决定）；

U——信号振幅，恒量，频率调制信号的基本量；

$u_c(t)$——载波信号$[u_c(t) = U_{cm}\cos\omega_c t]$；

$u_{FM}(t)$——调频后的调制信号；

$\omega(t)$——调频信号的瞬时角频率。不再为常数（ω_c），而是随着调制信号的变化而变化的角频率$\dot{\omega}(t) = \omega_c + K_f u_\Omega(t)$。

如果调制信号为$u_{FM}(t)$，则频率调制的数学表达式如下：

1）调频信号$\varphi(t)$的瞬时相位的数学表达式为

$$\varphi(t) = \int_0^t \omega(t)\mathrm{d}t + \varphi_0 = \int_0^1 [\omega_c + K_f u_\Omega(t)]\mathrm{d}t + \varphi_0$$

$$= \omega_0 t + K_f \int_0^1 u_\Omega(t)\mathrm{d}t + \varphi_0$$

2）瞬时角频率为

$$\omega(t) = \omega_c + K_f u_\Omega(t) = \omega_c + K_f u_{\Omega m}\cos\Omega t$$

$$= \omega_c + K_f \cdot \Delta\omega$$

3）最大频率偏移为

$$\Delta\omega_m = K_f u_{\Omega m}$$

4）经调频后的调制信号为

$$u_{FM}(t) = U_{cm}\cos\left[\omega_c t + K_f\int_0^t u_\Omega(t)\mathrm{d}t + \varphi_0\right] = U_{cm}\cos\left[\omega_c t + K_f\int_0^t U_{\Omega m}\cos\Omega t\mathrm{d}t + \varphi_0\right]$$

$$= U_{cm}\cos\left[\omega_c t + \frac{K_f U_{\Omega m}}{\Omega}\sin\Omega t + \varphi_0\right] = U_{cm}\cos(\omega_c t + m_f\sin\Omega t + \varphi_0)$$

5）最大调频指数为

$$m_f = \frac{K_f U_{\Omega m}}{\Omega} = \frac{\Delta\omega_m}{\Omega} = \Delta\varphi_m$$

五、调频波的波形图

对于频率调制中有需要传输的信号，即调制信号和载波信号，载波频率、调制信号频率以及调制数值大小，是影响频率调制合成理论的重要因素。最基本的

FM 振荡器包括两个正弦曲线振荡器，一个是稳定不变的载波频率 f_c（carrier-frequnecy）振荡器；一个是调制频率 f_m（modulation – frequency）振荡器。载波振荡器是一个带有频率 f_c 的简单的正弦波频率，当调制器发生调制波时，来自调制振荡器的信号，即带有 f_m 频率的正弦波驱使载波振荡器的频率向上或向下变动。如一个 250Hz 正弦波的调制波，调制一个 1000Hz 正弦波的载波，那么意味着载波所产生的 1000Hz 的频率，每秒要接受 250 次的调制。调制信号和载波信号都是有频率、振幅、波形的周期性或准周期性振荡器。

在直接调频调制电路，也称为锁相调频电路中，是将调制信号 $u_\Omega(t)$ 加在载波振荡器，即压控振荡器（Voltage – Controlled Oscillator，VCO）上，使其按照调制信号的规律线性变化，达到调频目的。而间接调频调制法，也称为阿姆斯特朗法，实际上是一调相电路，其方法是将调制信号积分，然后对载波进行调相，即产生一个 NBFM 信号，再经过 n 次倍频器，即产生 WBFM 信号。可见，其对于 $u_\Omega(t)$ 为调频波，而对于 $K_f\int_0^t u_\Omega(t)\mathrm{d}t$ 则为调相波。

对于不同的调制信号的频率调制波形如图 2-33 所示。

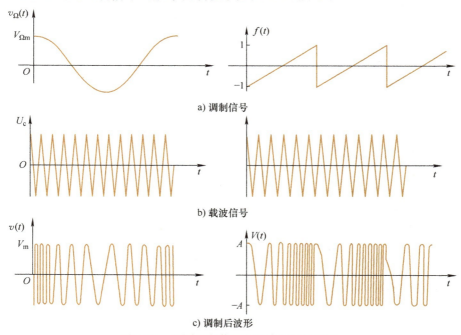

a) 调制信号

b) 载波信号

c) 调制后波形

图 2-33　不同调制信号的频率调制波形图

六、调频信号的产生

调频信号的产生方法有两种，即直接调频法和间接调频法。直接调频法也称作锁相调频，间接调频法也称作阿姆斯特朗法。

（一）直接调频法

直接调频法就是用调制信号直接控制载波振荡器的频率，使其按照调制信号的规律线性地变化，其原理框图如图 2-34 所示。

频率调制信号可以由外部电压控制振荡频率的振荡器，即压控振荡器（VCO）产生，每个压控振荡器自身就是一个频率调制器，其振荡频率正比于输入控制电压，其数学表达式为

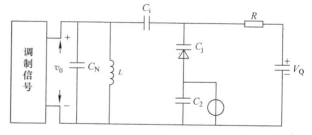

图 2-34　直接调频法原理框图

39

$$\omega_i(t) = \omega_0 + K_f m(t)$$

如果用调制信号作为控制电压信号，就能产生调频波。

如果被控制的振荡器为 LC 振荡器，则只能控制振荡回路的某个电抗元件 L 或 C，使其参数随着调制信号变化。常用的电抗元件为变容二极管，采用变容二极管实现直接调频，由于电路简单，性能良好，现已成为目前应用最广泛的调频电路之一。

在直接调频法中，振荡器与调制器合二为一。这种方法的优点是在实现线性调频的要求下，可以获得较好的频率偏移。但其主要缺点是频率的稳定度不高（由变容二极管性能决定），因此往往需要采用振动频率控制系统来稳定中心频率。

许多小功率的发射机都采用变容二极管的直接调频法技术，即在工作于发射载频的 LC 振荡回路上直接进行调频。如图 2-35 所示，用模拟基带信号（调制信号）控制振荡回路中变容二极管的电容量大小，使振

图 2-35　采用变频二极管的调频电路示意图

荡器输出信号的瞬时频率随基带信号做线性变化，使输出波频率的变化与调制信号呈线性关系。图 2-35 中，变容二极管 C_j 通过耦合电容 C_i 并联在 LC_N 回路两端，形成振荡回路的总电容的一部分，故振荡回路的总电容为 $C_总 = C_N + C_j$，所以其回路的振荡频率为

$$f = \frac{1}{2\pi \sqrt{LC_总}} = \frac{1}{2\pi \sqrt{L(C_N + C_j)}}$$

注：变容二极管是一种电抗可变的非线性元件，通过改变外加的反向电压可以改变空间电荷区的宽度，从而改变势垒电容的大小。

（二）间接调频法

间接调频法也称为阿姆斯特朗法，简称为间接法。

间接调频法是将调制信号积分，然后对载波进行调相，即可产生一个窄频带调频（Narrow Band Frequency Modulation，NBFM）信号，再经过 n 次倍频器而得到宽（频）带调频（Wide Band Frequency – Modulation，WBFM）信号。

其原理框图中倍频器的作用为提高倍频指数，从而获得 WBFM 信号。倍频器可以采用非线性器件实现，然后用带通滤波器滤除不需要的频率分量。

间接法的优点是频率稳定性高，其缺点是需要多次倍频和稳频，因此电路显得复杂，其原理框图如图 2-36 所示。

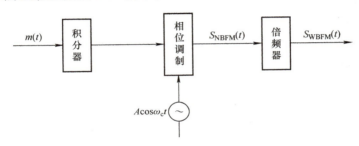

图 2-36　间接调频法原理框图

七、调频波的频谱与带宽

（一）贝塞尔方程与调频频谱的关联

无线电信号的频谱是高频电路中的一个重要概念。人们常常感觉到调频广播听起来比调幅广播浑厚逼真、悦耳动听，一个重要的原因就是一般的调频波所占有的频谱宽度比调幅波的频谱宽度宽得多。在分析调幅波的频谱宽度时，只需要利用三角函数中积化和差的公式，就可以得到清晰的结论，即对于单音频的频谱宽度仅为调制信号的 2 倍。

$$u_{FM}(t) = U_{m0}\cos(\omega_c t + m_f\sin\Omega t)$$
$$= U_{m0}\cos(m_f\sin\Omega t)\cos\omega_c t - U_{m0}\sin(m_f\sin\Omega t)\sin\omega_c t$$

其中，可以进一步展开以第一类贝塞尔函数的三角函数级数。

而对于单音频调频所得到的调频波，从其数学表达式看，对其进行频谱分析没有那么简单。分析调频波的频谱，涉及数学中关于特殊函数的贝塞尔函数的相关知识。参阅 n 阶贝塞尔方程。

在二阶常微分方程 $x^2\dfrac{d^2y}{dx^2} + x\dfrac{dy}{dx} - (x^2 + n^2) = 0$ 中，n 为任意实数或复数，则称该方程为 n 阶贝塞尔方程。

可以假设 $n \geqslant 0$，则根据常微分方程级数解的理论，可设 n 阶贝塞尔方程有一个级数解，其形式为

$$Y = X^m(z_0 + a_1x + a_2x^2 + \cdots + a_kx^k + \cdots)\sum_{k=0}^{\infty}a_kx^{m-k} \quad (a_n \neq 0)$$

$$x\frac{\mathrm{d}y}{\mathrm{d}x} = x^m[a_0(m-1)m + a_1m(m+1)x + a_2(m+1)(m+2)x^2 +$$

$$a_3(m+2)(m+3)x^3 + a_4(m+3)(m+4)x^4 + \cdots]\cdots$$

例2 现设 $m_f = 5$ 时，其各阶贝塞尔函数值见表2-2。

表2-2 各阶贝塞尔函数值表 $（m_f = 5）$

m_f	$J_0(m_f)$	$J_1(m_f)$	$J_2(m_f)$	$J_3(m_f)$	$J_4(m_f)$	$J_5(m_f)$	$J_6(m_f)$	$J_7(m_f)$	$J_8(m_f)$	$J_9(m_f)$
5	0.18	0.33	0.05	0.36	0.39	0.26	0.13	0.05	0.02	0.005

在实际取值时，振幅小于未调载波振幅的10%的边频分量可以忽略不计。

（二）调频波的频谱

将单音频的调频波表示为指数形式为

$$v(t) = V_m\cos(\omega_c t + m_f\sin\Omega t)$$

$$= V_mR_e(\mathrm{e}^{jm_f\sin\Omega t} \cdot \mathrm{e}^{j\omega_c t})$$

式中，$\mathrm{e}^{jm_f\sin\Omega t}$ 为 Ω 的周期函数。

$$\mathrm{e}^{jm_f\sin\Omega t} = \sum_{n=-\infty}^{\infty}J_n(m_f)\mathrm{e}^{jn\Omega t}$$

$$J_n(m_f) = \frac{1}{2\pi}\int_{-\pi}^{+\pi}\mathrm{e}^{jm_f\sin\Omega t} \cdot \mathrm{e}^{-jn\Omega t}$$

调频波的傅里叶展开式为

$$v(t) = V_mR_e\left\{\sum_{n=-\infty}^{\infty}J_n(m_f)\mathrm{e}^{[j(\omega_c t + n\Omega t)]}\right\}$$

$$= V_m\sum_{n=-\infty}^{+\infty}J_m(m_f)\cos(\omega_c + n\Omega)t$$

可见，以载频 ω_c 为中心，有无数对边频分量，即 ω_c，$\omega_c \pm \Omega$，$\omega_c \pm 2\Omega$，$\omega_c \pm n\Omega$（n 为正整数），如图2-37所示。

调频波的每条频谱线的幅度为

$$J_n(m_f)V_m$$

式中，$J_n(m_f)$（宗数）即为 m_f 的 n 阶第一类贝塞尔函数。

$$J_n(m_f) = \begin{cases} J_{-n}(m_f)（n \text{ 为偶数时}) \\ -J_{-n}(m_f)（n \text{ 为奇数时}) \end{cases}，频谱以 \omega_c 为中心对称$$

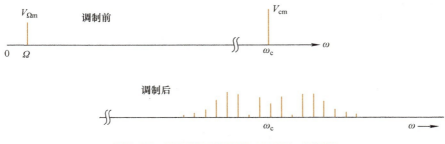

图 2-37　频率调制前后频（边频）分布图

载频为 $J_n(m_f)V_m$。

可见，第一对边频为 $J_1(m_f)V_m$；第二对边频为 $J_2(m_f)V_m$。调频波的频谱线图调频波的每条频谱线图如图 2-38 所示。

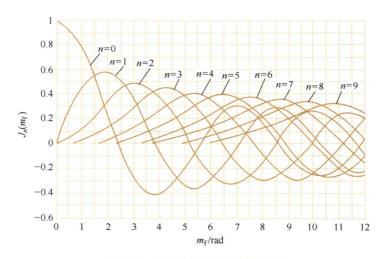

图 2-38　调频波的每条频谱线图

对调频后的载频 $J_n(m_f)$ 的分析如下：

其一，载频分量 $J_0(m_f)$ 随 m_f 是变化的。

其特征为当 $m_f = 2.40$，5.52，8.65……时，载波分量 $J_0(m_f) = 0$；当 m_f 较小（小于 1）时，$J_0(m_f)$ 较大。

其结果为 Δ 调频波的载频分量不一定最大（与 AM 调制不同）；Δ 对应 m_f 小的调频波（窄带调频），载频分量大；Δ 对应 m_f 大的调频波（宽带调频），载频分量小。

其示意图如图 2-39 所示。

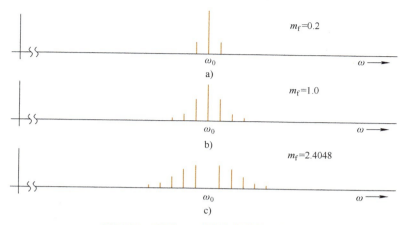

图 2-39 不同 m_f 时的载频分量示意图

其二，n 越大，$J_0(m_f)$ 的非零起点在 m_f 较大时才出现。

其导致结果为当 m_f 小时，所包含的旁频边带少，相当于窄带调频，此种情况能量集中，载频能量大。特别当 $m_f \ll 1$，$n \geq 2$ 时，可以认为 $J_n(m_f) = 0$。

此时只有一对边频，类似于幅度调制状况。其带宽为 BW = 2F。其载频分量频谱分布图如图 2-40 所示。

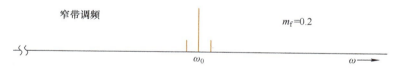

图 2-40 当 m_f 远小于 1 时载频分量频谱分布示意图

当 m_f 较大时，其包含的旁频边带多，相当于宽带调频，此时能量分散，载频的能量必然小。其载频分量频谱分布图如图 2-41 所示。

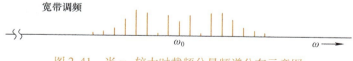

图 2-41 当 m_f 较大时载频分量频谱分布示意图

其三，当 m_f 一定时，随着 n 的增大，$J_n(m_f)$ 虽然有起伏，但是总的趋势是减少的。导致的结果是越远离载频 ω_c 的边频能量越小。其载频分量频谱分布图如图 2-42 所示。

（三）调频波的带宽

根据对调频波的频率分布结构的分析，从理论上讲，载频的频谱分布为以载

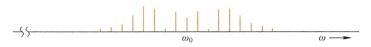

图 2-42　当 m_f 一定时载频分量频谱分布示意图

频 ω_c 为中心，有无数对边频分量（n 为正整数）：ω'_c，$\omega_c \pm \Omega$，$\omega_c \pm 2\Omega$，……$\omega_c \pm n\Omega$。

而实际上，远离载频 ω_c 的边频的能量很小，所以带宽为 $BW_g = 2LF$，其中，L 为边频数（n 对），F 为调制信号频率。在实际和应用中，边频的对数取决于要求调制/解调的准确度，其关系图如图 2-42 所示。

（四）不同的调制频率 F 对带宽的影响

国际上规定，调频电台的波段为 $88 \sim 108\text{MHz}$ 的甚高频段。并规定每个调频台所占用的频带宽度为 200kHz（通常 $m_f = 4 \sim 8$），它的音频，即调制信号频带规定为 $30 \sim 15000\text{Hz}$，且规定调频广播的最大频偏为 75kHz。

例3　当调制频率分别为 1kHz 和 15kHz 时的调频波的带宽。

假设在 $F = 1\text{kHz}$ 和 $F = 15\text{kHz}$ 时，均达到最大频偏 75kHz，则当 $F_1 = 1\text{kHz}$ 时，$\text{BW}_1 = 2\left(\dfrac{\Delta f_m}{F} + 1\right) \times F = 2 \times (75 + 1) \times 1 = 152\text{kHz}$；当 $F_2 = 15\text{kHz}$ 时，$\text{BW}_2 = 2 \times \left(\dfrac{75}{15} + 1\right) \times 15 = 2 \times (5 + 1) \times 15 = 180\text{kHz}$。

结果 $\dfrac{F_2}{F_1} = \dfrac{15}{1} = 15$，$\dfrac{\text{BW}_2}{\text{BW}_1} = \dfrac{180}{150} = 1.2$。

可见，频带宽度与调制频率不成正比。所以，在最大频偏相同的条件下，对于调频广播可限制频偏（调制信号幅度），以限制带宽。

八、扩展线性频偏的方法

最大线性频偏是频率调制器的主要质量指标。在实际调频设备中，需要的最大线性频偏往往不是简单的调频电路能够达到的，因此，如何扩展最大线性频偏是设计调频设备的一个关键问题。

一个调频波，若设它的瞬时振荡角频率为 $\omega = \omega_c + \Delta\omega_m\cos\Omega t$，则当该调频波通过倍频次数为 n 的倍频器时，它的瞬时角频率将增大 n 倍，变为

$$\omega_n = n\omega_c + n\Delta\omega_m\cos\Omega t$$

可见，倍频器可以不失真地将调频波的载波角频率和最大频偏同时增大 n 倍。然后，再用混频器将调频信号的载波频率改变为所需值，其原理框图如图 2-43 所示。

图 2-43　扩展线性频偏方法的原理框图

九、调频波的功率

（一）从频谱角度分析（单位电阻所产生的功率）

调频波的平均功率等于各频谱 $P = \dfrac{V_{\mathrm{cm}}^2}{2} \displaystyle\sum_{n=-\infty}^{+\infty} J_n^2(m_{\mathrm{f}})$ 分量的平均功率之和。

第一类贝塞尔函数的特性是

$$\sum_{n=-\infty}^{+\infty} J_n^2(m_{\mathrm{f}}) = 1$$

所以调频波的功率为

$$P = \frac{V_{\mathrm{cm}}^2}{2}$$

（二）从时域角度分析

调频波为一个等幅波，且其幅度与调制前一样。那么从时域角度对功率的理解如下：

1）调频波比调制前增加了多对边频，似乎功率应该增加，但是因为频率调制为角度调制，所以没有改变信号的幅度；

2）对于调制波的功率与调制系数的关系为改变 m_{f} 的大小只改变了载波分量和各个边频分量之间的功率分配，而没有引起总功率的变化，所以改变调制系数不会总功率的变化。

十、调频信号的解调

调频波的解调为频率调制的逆过程，是将来自调频器调制的调频波的瞬时频率变化变换为输出电压。频率波解调与频率调制相对应，也分为相干解调和非相干解调。显然，与之对应的相干解调仅适用于 NBFM 信号，而非相干解调对于 NBFM 信号和 WBFM 信号均适用。

频率波解调的主要技术指标有：①为不产生失真，鉴频器的特性应为线性解调；②其鉴频范围应与最大频偏相适应；③输出电压值大，以满足鉴频的灵敏度；④而且鉴频器前面一般应加限幅器，以除去寄生调幅。

（一）非相干解调

调频信号的一般表达式为

$$S_{FM}(t) = A\cos\left[\omega_c t + K_f\int m(t)\,dt\right]$$

可见，调频信号的解调就要产生一个与输入调频信号的频率呈线性关系的输出电压。完成这种频率的频率–电压转换关系的器件称作频率检波器简称为鉴频器。

鉴频器有多种形式，图2-44描述了一种采用振幅鉴频器进行非相干解调的原理框图。图中微分器和包络检测器组成了具有近似理想鉴频特性的鉴频器。微分器的作用是将幅度恒定的调频波变成幅度和频率均随调制信号的调幅调频波，即

$$S_d(t) = -A[\omega_c + K_f m(t)]\sin\left[\omega_c t + K_f\int m(\tau)\,d\tau\right]$$

包络检波器将其幅度变化检出并滤除直流，再经过低通滤波器后输出解调信号。

图2-44中限幅器的作用为消除信道中的噪声和其他原因引起的调频波的幅度起伏失真，带通滤波器（BPF）是让调频信号顺利通过，同时滤除频带以外的噪声，即高次谐波分量。本例中的鉴频器为振幅鉴频器，另外还有相位鉴频器、比例鉴频器、正交鉴频器、斜率鉴频器、频率负反馈解调器、锁相环（Phased Locked Loop，PLL）鉴频器等。

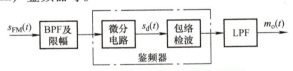

图2-44　一种非相干解调器原理框图

（二）相干解调

因为NBFM信号可分解成同相分量和正交分量之和，因而可以采用线性调制中的相干解调器来进行解调。可见，相干解调可以恢复原调制信号。这种调制方式与线性调制中的相干解调一样，要求本地载波与调制载波同步，否则将导致解调信号失真。

十一、解调器的输入信噪比

假设输入调频信号为 $S_{FM}(t) = A\cos\left[\omega_c t + K_f\int_{-\infty}^{t} x(\tau)\,d\tau\right]$，输入信号的功率

为 $P_i = \dfrac{A^2}{2}$，输入噪声的功率为 $N_i = n_0 B_{FM}$，理想带通滤波器的带宽与调频信号的

带宽 B_{FM} 相同，则输入信噪比为 $\mathrm{SNR} = \dfrac{P_i}{N_i} = \dfrac{A^2}{2n_0 B_{FM}} = 10\lg\left(\dfrac{P_{signal}}{P_{noise}}\right)$。

输入信噪比的计算可分为两种情况，即大信噪比情况和小信噪比情况，因为非相干解调不满足叠加性，无法分别计算出输出信号功率和噪声功率。

（一）大信噪比情况

在输入信噪比足够大的情况下，信号和噪声的相互作用可以忽略，这时可以将信号和噪声分开进行计算。

假设输入噪声为零时，经鉴频器的微分和包络检波，再经过低通滤波器的滤波后，输出信号为 $K_d K_f x(t)$，故输出信号的平均功率为

$$D_0 = \overline{s_0^2(t)} = (K_d K_f)^2 \overline{x^2(t)}$$

若不考虑信号的影响输出噪声的功率为

$$N_0 = \frac{8\pi K_d^2 n_0 f_m^3}{3A^2}$$

于是得到解调器输出的信噪比为

$$\mathrm{SNR} = \frac{P_0}{N_0} = \frac{3A^2 K_f^2 \overline{x^2(t)}}{8 n_0 f_m^3}$$

当输入信号 $x(t)$ 为单一频率余弦波，且振幅 $A_m = 1$ 时，$x(t) = \cos\omega_m t$，可以得到输出信噪比为

$$\mathrm{SNR} = \frac{P_0}{N_0} = \frac{3A^2 \Delta f^2}{4 n_0 f_m^3}$$

上式中信噪比可以用 P_i/N_i 来表示，且考虑 $m_f = \Delta f/f_m$，则有

$$B_{\mathrm{FM}} = 2(m_f + 1)f_m = 2(\Delta f + f_m)$$

可得到解调器的增益为

$$G_{\mathrm{FM}} = \frac{P_0/N_0}{P_i/N_i} - 3m_f^2(m_f + 1)$$

当 $m_f \gg 1$ 的宽带调频时

$$G_{\mathrm{FM}} = 3m_f^3$$

可见，大信噪比时宽带调频系统的整个增益是很高的，它与调制指数的三次方成正比。由带宽公式 BFM 可知，调制指数越大，增益越大，但系统所需带宽也越宽。这表明调频系统抗噪声性能的改善是用增加传输带宽换来的。

（二）小信噪比情况

当输入信噪比很低时，解调器的输出端信号与噪声混叠在一起，

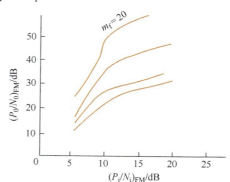

图 2-45　输出信噪比与输入信噪比关系曲线图

47

不存在单独的有用信号项，信号被噪声扰乱，因而输出信噪比急剧下降，其计算也较为复杂。此时，调频信号的非相干解调和 AM 信号的非相干解调一样，存在着门限效应。

当信噪比大于门限电平时，解调器的抗噪声性能较好；而当输入信噪比小于门限电平时，输出信噪比急剧下降。图 2-45 表示以 m_f 为参量，单音频制时门限值附件的输出信噪比与输入信噪比的关系曲线。由图 2-45 可以看出：

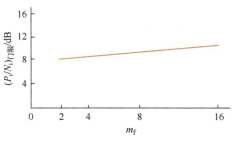

图 2-46 门限值与调频指数的关系曲线图

1）曲线中存在着明显的门限值。当输入信噪比在门限值以上时，输出信噪比与输入信噪比呈线性关系，在门限值以下时，输出信噪比急剧变化。

2）门限值与调频指数有关。不同调频指数的门限值不同，调频指数大的门限值高，调频指数小的门限值低，但是门限值的变化范围不大，一般在 8～11dB 范围内。门限值与调频指数的关系曲线如图 2-46 所示。

十二、频率调制的优势

具有较强的抗干扰性能是频率调制/解调方式的突出优势。在信道中的幅度干扰可以通过鉴频器前的限幅器除去，经过鉴频后，输出噪声功率谱的密度由输入时的均匀分布变为抛物线衰减分布，经过低通滤波器后可以过滤掉大量的噪声干扰部分，以大大提高系统的信噪比。并且其抗干扰性能可以通过调整调制系数 m_f 予以提高，调制系数越大，抗干扰性能越好，调频波的带宽越宽，即可说是用调频波以带宽换取抗干扰性能。

第八节　角度调制之二——相位调制

一、相位调制的概念

定义：高频载波的相位对其参考相位的偏离值随调制信号的瞬时幅度值成比例变化的调制方式称为相位调制（Phase Modulator，PM），或称为调相。

相位调制即载波从初始相位随着基带信号而变化，当调制信号为模拟信号时，一个连续波有三个参数，即幅度、频率和相位，它们构成了已调信号。当幅度和频率均保持不变时，改变载波信号的相位，使之随着未被调制的信号的大小而改变，即调制信号对载波信号进行角度调制。而对于数字信号"1"对应相位

180°的相位改变，数字信号"0"对应相位0°的相位改变。这种调相的方法又叫相移键控（Phase – Shift Keying，PSK），其特点是抗干扰能力强，但被调信号实现的技术比较复杂。

在相位调制中，相位调制前的载波的角度函数对于时间为

$$\varphi(t) = \omega_c(t)$$

$$\varphi(t) = \omega_c t + \Delta\varphi(t) = \omega_c t + K_p v_\Omega(t) = \omega_c t + K_p V_{\Omega m}\cos\Omega = \omega_c t + \Delta\varphi_m\cos\Omega t$$

∴ 最大相移为

$$\Delta\varphi_m = K_p V_{\Omega m}$$

高频载波为

$$v_c(t) = V_{cm}\cos\omega t$$

调制信号为

$$v_\Omega(t) = V_{\Omega m}\cos\Omega t$$

可见，调相信号得到相移只与调制信号的幅度有关，而与调制信号的频率无关。

现在有调幅（AM）收音机和调频（FM）收音机，但相位调制似乎属于不同的类别的无线电传输领域，而不是一个常用术语。事实上，相位调制在数字射频（Radio Freqency，RF）的背景下更具相关性。但在某种程度上，可以说 PM 无线电与 FM 无线电一样普通，因为相位调制和频率调制之间几乎没有区别。FM 和 PM 最好被认为是角度调制的两个密切相关的变体，其中角度是指对传递给正弦或余弦函数的量的修改，调相和调频有密切的关系。调相时，同时有调频伴随发生；调频时，也同时有调相伴随发生，不过两者的变化规律不同。在实际使用时很少采用调相制，它主要是用来作为得到调频的一种方法。

二、调相实现的方法

调相实现常见的有三种方法，分别为可变移相法调相、可变时延法调相、矢量合成法调相。

（一）可变移相法调相

可变移相法调相是利用调制信号控制移相网络、谐振回路的电抗或电阻元件来实现调相。其调相电路组成如图 2-47 所示，其原理框图如图 2-48 所示。其中，可控相移网络的种类很多，常用的是由变容二极管与电感组成的 LC 并联谐振回路。

图中，当 $R_3 \ll \dfrac{1}{\Omega C_3}$，即 $R_3 Q C_3 \ll 1$ 时，$u_r = U_Q + u_\Omega(t)$ 构成调相电路。

图中，当 $R_3 \gg \dfrac{1}{Q C_3}$，即 $R_3 Q C_3 \gg 1$ 时，$R_3 C_3$ 电路对调制信号构成积分

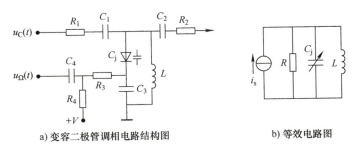

a) 变容二极管调相电路结构图　　　b) 等效电路图

图 2-47　变容二极管调相电路组成图

电路。

此时实际加到变容二极管上的调制电压 $u'_\Omega(t)$ 为 $u'_\Omega(t) = \dfrac{1}{C_3}\displaystyle\int_0^t i_\Omega(t) =$

$\dfrac{1}{R_3 C_3}\displaystyle\int_0^5 u_\Omega(t)$。可见，构成了间接调频调制。

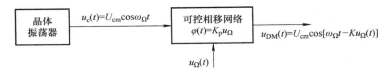

图 2-48　可变移相法调相原理框图

从中可见调相与调频之间的关系。对于要求大的移相，可采用多级单回路构成的变容二极管调相电路完成，如图 2-49 所示。

对于多级单回路变容二极管调相电路，其最大相移为 $\varphi_m = n\varphi$。

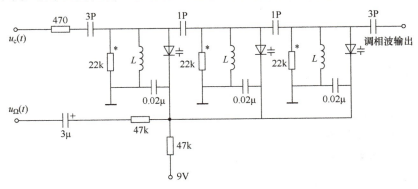

图 2-49　三级单回路变容二极管调相电路图

可见，可变移相法的调相中当 $u_\Omega(t)$ 不同时，谐振回路的谐振频率变化，输出电压相位也随之变化，情况如下：

1）当 $u_\Omega(t)$ 时，变容二极管的反向电压为 $u_r = V_Q$，则谐振回路的谐振频率为 $\dfrac{1}{\sqrt{LC_{jQ}}} = \omega_c$ 输出电压与输入电压同相。

2）当 $u_\Omega(t) > 0$ 时，变容二极管的反向电压加大，C_j 减小，则谐振回路的谐振频率为 $\dfrac{1}{\sqrt{LC_{jQ}}} > \omega_c$ 输出电压的相位为 $\omega_c t + \varphi$。附加相移在调制信号控制下变化，导致输出电压的相位变化。

3）当 $u_\Omega(t) < 0$ 时，变容二极管的反向电压减小，C_j 增大，则谐振回路的谐振频率为 $\dfrac{1}{\sqrt{LC_{jQ}}} < \omega_c$，输出电压的相位为 $\omega_c t - \varphi$。

51

在图 2-49 中，当调制电压为零时，直流电压加在变容二极管的负极，提供反向直流偏压，变容二极管与 L 组成的谐振回路的谐振频率正好与输入载波信号的频率 ω_c 相等，谐振回路的相频特性如图 2-50 中曲线 a 所示。当调制电压大于零时，变容二极管的负极电压增大，则变容二极管的结电容减小，变容二极管与 L 组成的谐振回路的谐振频率增大，谐振回路的相频特性如图 2-50 中曲线 c 所示。当调制电压小于零时，变容二极

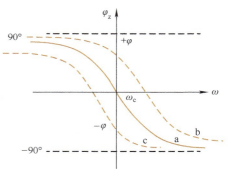

图 2-50　谐振频率变化产生的附加相移图

管的结电容增大，变容二极管与 L 组成的谐振回路的谐振频率减小，谐振回路的相频特性如图 2-50 中曲线 b所示。

可见，可变移相法的调相在调制信号变化时，由于谐振电路中的变容二极管上所受反向电压变化，使得谐振频率与载波信号的角频率之间的关系发生变化，导致输出电压的相位发生变化。即由于调制信号的电压引起输出相位变化，这就是调相的工作原理。

（二）可变时延法调相

可变时延法调相基本原理是将载波振荡电压通过一个受调制信号电压控制的时延网络，如图 2-51 所示。

图 2-51　可变时延法调相原理框图

其时延网络的输出电压为

$$u(t) = U_{cm}\cos[\omega_c(t-\tau)] = U_{cm}\cos[\omega_c t - k\omega_c u_\Omega(t)] = U_{cm}\cos[\omega_c t - m_p u_\Omega(t)]$$

式中，$\tau = ku_\Omega(t) = kU_{\Omega m}\cos\Omega t$，$m_p = \omega_c kU_{\Omega m}$。

（三）矢量合成法调相

矢量合成法调相原理结构框图如图 2-52 所示。

调相波的数学表达式为

$$u_{PM}(t) = U_m\cos\omega_c t - U_m m_p\cos\Omega t\sin\omega_c t$$

若实现线性调相，则需要满足的条件为

$$\varphi_m < \frac{\pi}{12}\text{rad} \quad \left(m_p < \frac{\pi}{12}\right)$$

当单音频调制时，调相信号可表示为

$$u_{PM}(t) = U_m\cos(\omega_c t + m_p\cos\Omega t)$$
$$= U_m\cos(\omega_c t)\cos(m_p\cos\Omega t) - U_m\sin(\omega_c t)\sin(m_p\cos\Omega t)$$

当 $m_p < (\pi/12)\text{rad}$ 时，有

$$\cos(m_p\cos\Omega t) \approx 1, \quad \sin(m_p\cos\Omega t) \approx m_p\cos\Omega t$$

故

$$u_{PM}(t) \approx U_m\cos\omega_c t - U_m m_p\cos\Omega t\sin\omega_c t$$

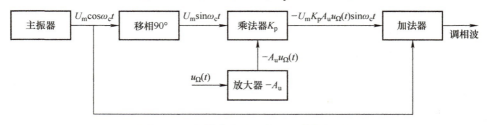

图 2-52　矢量合成法调相原理结构框图

三、相位调制的特点

相位调制和频率调制有密切的关系。调相时同时有调频伴随发生，调频时也同时有调相伴随发生，不过两者的变化规律不同。在连续波调制中实际很少采用调相制，它主要是用来作为得到调频的一种方法。

假定基带信号是数字信号为 101 011 000 110 111 010……如果直接传送，则每一个码元所携带的信息量是 1bit。现将信号中的每三个比特编为一个组，即 101，011，000，110，111，010……则在一组中三个比特共有八种不同的排列，用八种不同的相位进行调制，用相位 φ_0 表示 000，φ_1 表示 001，φ_2 表示 010，φ_3 表示 011，φ_4 表示 100，φ_5 表示 101，φ_6 表示 110，φ_7 表示 111。

四、调相波的数学表达式

（一）下列式中各个代号所表示的含义

$u_\Omega(t)$：调制信号（modulating　singnal）

$u_c(t) = U_{cm}\cos\omega_c(t)$：载波信号（carrier　signal）

$u_{PM}(t)$：调制后的调相相号（phase - modulated　signal）

$\varphi(t)$：调相信号的瞬时相位（不再是 $\omega_c t$）（instantaneous phase）

$\varphi(t) = \omega_c t + k_p u_\Omega(t)$：随着调制信号的变化而变化（as the modulation signal changes）

$k_f u_\Omega(t)$：相位偏移量（phase offset）

k_p：调相比例常数（phase modulation proportional constant）

（二）时域调相信号的一般表达式

设调制信号为

$$u_{PM}(t) = U_{cm}\cos[\omega_c t + K_p u_\Omega(t) + \varphi_0]$$

$$u_\Omega(t) = U_{\Omega m}\cos\Omega t$$

则瞬时相位为

$$\varphi(t) = \omega_c t + k_p u_\Omega(t) = \underbrace{\omega_c t + k_p u_{\Omega m}\cos\Omega t}_{\Delta\varphi(t)}$$

调相指数为

$$m_P = k_p u_{\Omega m} = \Delta\varphi_m \quad （最大相偏）$$

五、频率调制和相位调制的波形图比较

频率调制和相位调制的波形比较图如图 2-53 所示。

六、调相波的解调

（一）解调原理

调相波的解调是从已调制信号中恢复出原低频调制信号的过程。

调相波和调频波一样，不能直接使用包络检波器来解调，必须采用相位检波器（鉴相器）和频率检波器（鉴频器）进行解调。但是包络检波器可以作为某些鉴相器或鉴频器的一个组成部分，而鉴相器又可以作为某些鉴频器的一个组成部分。采用乘积鉴相是常用的解调方法，其结构方框图如图 2-54 所示。

调相信号的解调叫作相位检波，简称为鉴相。它是将调相信号的相位[$\omega_c t + m_p f(t)$]与载波的相位 $\omega_c t$ 相减，取出它们的相位差 $m_p f(t)$，并反映到输出电压上，从而实现相位检波。鉴相器可以看成相位/电压变换器。

54

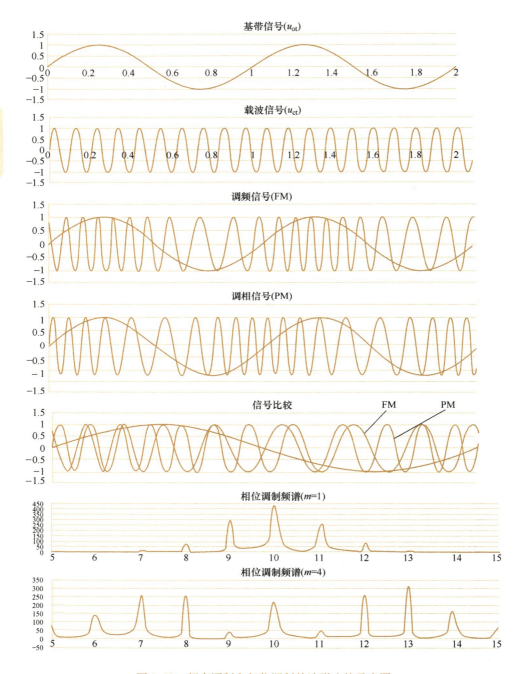

图 2-53 频率调制和相位调制的波形比较示意图

$$u_s = u_{PM} = U_{m0}\cos(\omega_c t + m_p\cos\Omega t + \varphi_0)$$

$$= U_{m0}\sin\left(\frac{\pi}{2} + \omega_c t + m_p\cos\Omega t + \varphi_0\right)$$

$$u_L = U_{Lm}\sin(\omega_c t + \varphi_0)$$

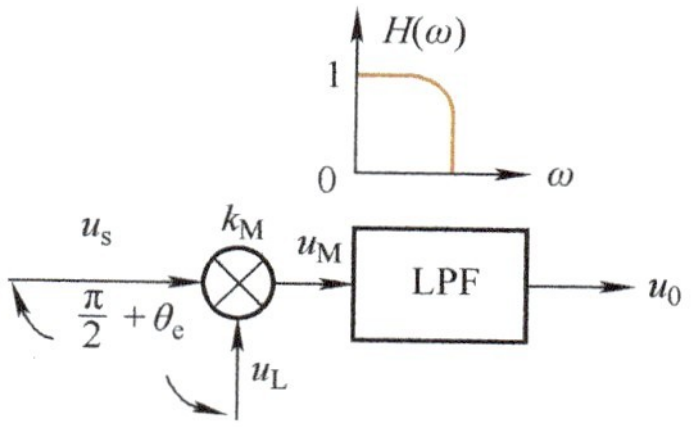

为了能够正确地鉴别两个输入信号的超前和滞后关系，两个输入信号必须有 $\pi/2$ 的固定相位差，而得到 u_M。

图 2-54 乘积型模拟鉴相器结构框图

利用三角函数展开，得到

$$u_M = K_M u_s U_L = K_M U_{m0}\cos(\omega_c t + m_p\cos\Omega t + \varphi_0)U_{Lm}\sin(\omega_c t + \varphi_0)$$

通过低通滤波器后，得到

$$u_M = \frac{1}{2}K_M U_{m0}U_{Lm}\sin(2\omega_c t + m_p\cos\Omega t + 2\varphi_0) - \frac{1}{2}K_M U_{m0}U_{Lm}\sin(m_p\cos\Omega t)$$

当利用 $\theta_e = m_p\cos\Omega t$，$|\theta_e| \leqslant \dfrac{\pi}{6}$，其中 $|\sin\theta_e| \approx \theta_e$

得到

$$u_0 \approx -\frac{1}{2}K_M U_{m0}U_{Lm}\theta_e = -\frac{1}{2}K_M U_{m0}U_{Lm}m_p\cos\Omega t$$

线性范围一般为 $\pm\pi/6$。当 $|\theta_e|$ 大于 $\pi/2$ 时，u_0 与 θ_e 是多值关系，即对于同一个输出电压 u_0 存在多个 θ_e，因此不能实现正确的鉴相，故 $\pm\pi/2$ 为具有正弦鉴相特性的鉴相器的最大鉴相范围。

此外，为了衡量输出电压 u_0 对误差相位 θ_e 的灵敏度，还要定义一个参量，即鉴相灵敏度或鉴相跨导，用 S_p 表示。它的定义是

$$S_p = \left.\frac{\partial u_0}{\partial\theta_e}\right|_{\theta_e=0}$$

乘积鉴相器的鉴相灵敏度为

$$S_p = \frac{1}{2}k_M U_{sm}U_{1m}$$

（二）鉴频方法质量好坏的指标

对于各种鉴频方法的质量好坏，其指标有鉴频特性、鉴频范围、鉴频灵敏度（或称作鉴频跨导）。

1）鉴频特性：输出电压 u_0 与输入信号频差 $\Delta\omega$ 之间的关系曲线。

2）鉴频范围：同样可以分成线性鉴频范围和最大鉴频范围。鉴频特性的线性越好，线性鉴频范围越宽，即这种鉴频方法越好。

3）鉴频灵敏度 S_f：描述输出电压 u_0 对频差 $\Delta\omega$ 的灵敏程度。

（三）调频波与调相波的主要技术参数比较

调频波与调相波的主要技术参数见表 2-3。

表 2-3　调频波与调相波的主要技术参数比较

名称	调频波	调相波
幅度	恒定	恒定
定义	$\omega(t) = \omega_c + k_f + k_f v_\Omega(t)$	$\varphi(t) = \omega_c t + k_p v_\Omega(t)$
频率偏移	$\Delta\omega(t) = k_f V_{\Omega m}\cos\Omega t$	$\Delta\omega(t) = k_p \dfrac{\mathrm{d}v_\Omega(t)}{\mathrm{d}t} = -k_p \Omega V_{\Omega m}\sin\Omega t$
最大频偏	$\Delta\omega_m = k_f V_{\Omega m}$	$\Delta\omega_m = k_p \Omega V_{\Omega m}$
相移	$\Delta\varphi(t) = k_f \dfrac{V_{\Omega m}}{\Omega}\sin\Omega t$	$\Delta\varphi(t) = k_p V_{\Omega m}\cos\Omega t$
最大相移	$\Delta\varphi_m = k_f \dfrac{V_{\Omega m}}{\Omega} = \dfrac{\Delta\omega_m}{\Omega}$	$\Delta\varphi_m = k_p V_{\Omega m}$

56

第九节　模拟调制方式的性能比较

模拟调制方式的性能比较见表 2-4。

表 2-4　模拟调制方式的性能比较

调制方式	时域特点	频域特点	信号带宽	制度增益	信噪比	解调方式	设备复杂性	主要应用
AM	已调信号与 $x(t)$ 呈线性关系	有载频，双边带	$2f_m$	$<2/3$	$\dfrac{S_i}{3n_0 f_m}$	相干或非相干	简单	中短波无线电广播
DSB	当调制信号与载波信号过零点同时有极性变化时，已调信号有相位跳变	无载频，双边带	$2f_m$	2	$\dfrac{S_i}{n_0 f_m}$	相干	较复杂	应用较少
SSB	非线性变化	无载频，单边带		1	$\dfrac{S_i}{n_0 f_m}$	相干	复杂	短波无线电，话音频分复用、载波、数传通信等
VSB	非线性变化	无载频，近似单边带	略大于 f_m	近似 SSB	近似 SSB	相干	复杂	商用电视广播、数传、传真等

（续）

调制方式	时域特点	频域特点	信号带宽	制度增益	信噪比	解调方式	设备复杂性	主要应用
FM	幅度不变，信号过零点与 $x(t)$ 成比例	非线性	宽带：$2f_m(m_f+1)$ 窄带：$2f_m$	宽带：$3m_f^2(m_f+1)$ 窄带：$2f_m$	$\dfrac{3m_f^2 S_i}{2n_0 f_m}$	宽带：相干或非相干；窄带：相干	中等	超短波小功率电台、微波中继（NBFM）、调频立体声广播（WBFM）
PM	幅度不变，信号过零点与 $\mathrm{d}x(t)/\mathrm{d}t$ 成比例	非线性	宽带：$2f_m\Delta\theta 2f_m$ 窄带：$2f_m$	类似宽带：$3m^2(m_f \mid 1)$ 窄带：$2f_m$	类似 $\dfrac{3m_f^2 S_i}{2n_0 f_m}$	宽带：相干或非相干；窄带：相干	中等	应用较少

57

　　总结：在模拟调制中，各种调制的优势和缺点都显而易见，所以应用也各有千秋。现将各种调制方法的优点、缺点及应用领域的概况归纳如下：

　　1）从抗噪声干扰性能方面比较，WBFM、WBPM 最好，SSB、DSB、VSB 次之，AM 最差；NBFM 与 AM 的抗噪声干扰性能接近。

　　2）AM 信号抗噪声干扰性能最差，但其电路实现是最简单的，因此多用于通信质量要求不高的场合，如在中波和短波的调幅广播中得到广泛应用。

　　3）FM 信号的调频指数 m_f 越大，抗噪声干扰性能越好，而所占的频带就越宽，门限电平也越高。

　　4）SSB 信号的带宽最窄，抗噪性能也较好，频带利用率最高，在短波无线通信及频分多路复用中应用较广。

　　5）DSB 信号的优点是功率利用率高，但带宽与 AN 相同，其接收要求同频解调，设备较复杂，可用于点对点的专用通信中。

　　6）VSB 信号的调制部分抑制了发送边带，频带利用率较高，对包含有低频和直流分量的基带信号特别适用，因此，在商用电视广播、数据传输和传真等系统中得到应用。

　　7）WBFM 的抗干扰能力强，可以实现带宽与信噪比的互换，因而广泛应用于长距离、高质量的通信系统中，如空间卫星通信、调频立体声广播、超短波电台等。其缺点是频带利用率低，存在门限效应。

　　8）NBFM 对微波中继的使用具有优势，因为 FM 波的幅度不变，对非线性器件不甚敏感，为其带来了抗快速衰减能力；同时，利用自动增益控制和带通限幅，可以消除快速衰减造成的幅度变化效应。在接收信号比较弱、干扰信号比较大的情况下，可以采用 NBFM 调制，通常小型通信设备常常采用窄带调频技术解决。

第 三 章

调制波的数字调制

第一节　调制波的数字调制概述

一、基本概念

（一）问题的提出

通信的最终目的是在一定的距离内传递信息。虽然基带数字信号可以在传输距离相对较短的情况下直接传送，但当要远距离传输，特别是在无线或光纤信道上传输时，必须经过调制将信号频谱搬移到高频处才能在信道中传输。为了使数字信号在有限带宽的高频信道中传输，必须对数字信号进行载波调制。如同传输模拟信号时一样，传输数字信号时也有三种基本的调制方式，即幅移键控（ASK）、频移键控（FSK）和相移键控（PSK）。它们分别对应于用载波（正弦波）的幅度、频率和相位来传递数字基带信号，可以看成是模拟线性调制和角度调制的特殊情况。

理论上，数字调制与模拟调制在本质上没有什么不同，它们都属于正弦波调制。但是，数字调制是调制信号为数字型的正弦波调制，而模拟调制则是调制信号为连续型的正弦波调制。

数字信号三种最基本的调制方法（调幅、调频和调相）简写为 ASK、FSK 和 PSK，其他各种调制方法都是以上方法的改进或组合，例如，正交振幅调制（QAM）就是调幅和调相的组合；MSK 是 FSK 的改进；GMSK 是 MSK 的一种改进，是在最小频移键控（MSK）调制器之前插入了高斯低通预调制滤波器，从而可以提高频谱利用率和通信质量；OFDM 则可以看作是对多载波的一种调制方法。在实际应用上，数字传输的常用调制方式主要有正交振幅调制（QAM），其调制效率高，要求传送途径的信噪比高，适合有线电视电缆传输；键控移相（QPSK）调制效率高，要求传送途径的信噪比低，适合卫星广播；编码正交频分调制（COFDM）抗多径传播效应和同频干扰好，适合地面广播和同频网广播。

（二）定义

调制波的数字调制（digital modulation）就是将数字符号变成适合于信道传输的波形。所采用的载波一般为余弦信号，调制信号为数字基带信号。利用基带信号去控制载波信号的某个参数，即完成数字信号的调制。

（三）基本原理

调制波的数字调制的基本原理是将数据信号寄生在载波的幅度、频率或相位三个参数中的一个，即用数据信号来进行幅度调制、频率调制或相位调制。

二、数字信号调制方法和分类

数字调制信号通过改变载波信号余弦波的幅度、频率或相位来传送信息。其分类有三种最基本的调制方法（调幅、调频和调相），其他各种调制方法都是以上方法的改进或组合。

1）根据数字信号调制方法所提出和最初使用的时间，可将数字信号调制方法分为传统数字调制方法和现代数字调制方法，如图 3-1 和图 3-2 所示。现代数字调制方法也是源自传统数字调制方法，是在近十年随着数字信号技术的发展而陆续提出的调制技术，而且类型繁多。用得较多的有诸如最小频移键控（MSK）调制、高斯滤波最小频移键控（GMSK）调制、正交幅度调制（QAM）、正交频分复用调制（QFDM）等。

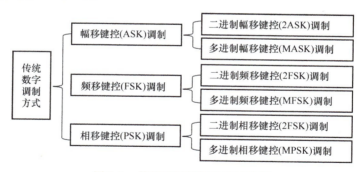

图 3-1 传统数字调制方式示意图

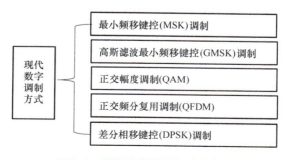

图 3-2 现代数字调制方式示意图

2）由于数字信号技术的进步，也从初始的二进制，发展到多进制，如四进制、八进制和十六进制，甚至 32 进制、64 进制等。在各类数字信号调制方法中也相继提出了二进制调制（2XSK）和多进制调制（MXSK），其中的 X 表示幅移（A）、频移（F）或相移（P）。调制的波形如图 3-3 所示。

3）按照传输特性，调制方式可分为线性调制和非线性调制。线性调制的特性是已调数字信号的频谱结构和基带信号的频谱结构相同，只不过搬移了一个频率位置，没有新的频率成分出现，如振幅键控。线性调制技术具有较高的带宽效率，所以非常适用于在有限频带内要求容纳更多用户的无线通信系统。

线性调制又分为广义线性调制和狭义线性调制。

广义的线性调制是指已调波中被调参数随调制信号呈线性变化的调制过程；狭义的线性调制是指把调制信号的频谱搬移到载波频率两侧而成为上、下边带的调制过程。

线性调制符合数学表达式的规律

$$Z_{out} = \sum K_i Z_{in}(f - f_{oi}) \tag{3-1}$$

非线性调制是指无上述线性关系的调制。非线性调制是调制技术的一种实现方式，与线性调制相对应。非线性调制与线性调制本质的区别在于线性调制不改变信号的原始频谱结构，而非线性调制改变了信号的原始频谱结构。此外，非线性调制往往占用较宽的带宽。常见的非线性调制主要有频移键控（FSK）和相移键控（PSK）。

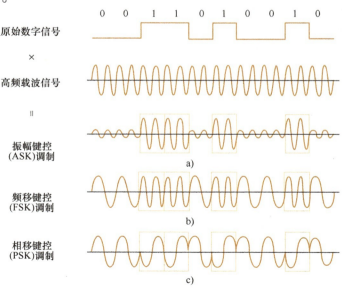

图 3-3　调制波的数字调制波形示意图

三、数字信号调制的主要性能指标

(一) 数字信号调制的基本指标

1. 比特率和波特率

比特率是指数字信号传输的速率，定义为每秒传输的二进制代码的有效位数，单位为 bit/s（比特每秒），常用单位还有 kbit/s（千比特每秒）和 Mbit/s（兆比特每秒）等。

波特率是指数字信号对载波的调制速率，定义为单位时间内的码元个数，其单位为 baud（波特）。

比特率与波特率是两个不同的概念，但又有联系。如果数字信号所用的是二进制，则比特率与波特率在数值上相等；如果采用的是多进制，则比特率（信号传输速率）与波特率（载波调制速率）在数值上不相等。

2. 频谱效率

频谱效率定义为每赫兹（Hz）带宽的传输频道上可以传输的数字信息的比特率，单位为 bit/s/Hz（比特每秒每赫兹），频谱效率主要应用于衡量各种数字调制技术的效率。

3. 误码率

误码率表示用户接收到的数字码流与信源发送的原始码流相比，发生错误的码字数占信源发送的原始码字数的比例。

(二) 多进制与数字基带信号传输的作用

1. 二进制与多进制

用电压波形表示多进制数时，一个码位必须具有多个不同的状态，以下以四进制数的表示为例予以说明。在四进制中每个码位分为四个离散的电平状态，即电平 0、1、2 和 3，分别代表四进制数的 0、1、2 和 3，如图 3-4 所示。

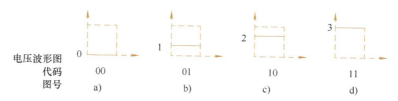

电压波形图			
0	1	2	3
代码 00	01	10	11
图号 a)	b)	c)	d)

图 3-4　四进制的多元波的四个状态图

2. 多进制数传输信号的作用

在无线通信中引入多元波来表达多进制数的目的是提高数字信号的传输速度。图 3-5 所示为采用二进制数传输和采用多进制数传输数字信号的比较。图 3-5a 所示为采用二进制数进行传输二进制数 101101 的波形图；图 3-5b 所示为采用四进制数传输用二进制表示的四进制数的波形图，可见在图 3-5a 中只传输 6 位二进制数，而图 3-5b 中在与图 3-5a 相同的时间间隔内共传输了 12 位二进制数。

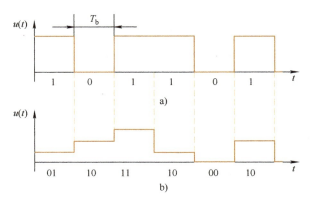

图 3-5　二进制与多进制数据信号传输示意图

（三）单极性波和双极性波

在无线通信中除了采用多元波来表达多进制数外，还采用双极性波替代单极性波，如图 3-6 所示。

图 3-6a 所示为采用单极性波表示二进制数，脉冲宽度为 T_b 的码位有两种状态，高电平表示数字 1，低电平表示数字 0，电压脉冲都是正向的，表示二进制数的脉冲属于单极性波。

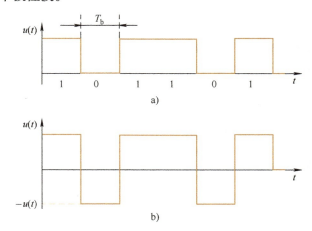

图 3-6　单极性波与双极性波数据信号传输示意图

图 3-6b 所示为采用正电平表示 1，而负电平表示 0，这种表示二进制数所用的脉冲电压具有正负两种极性，称为双极性波。

（1）单极性波（见图3-7）　基带信号的一个二进制数$[a_0,a_1,a_2,a_3,\cdots,a_n\cdots]$可以表示为

$$S(t) = \sum_n a_n g(t - nT_b) \tag{3-2}$$

例如

$$a_0 = 1, a_1 = 0, a_2 = 1, a_3 = 1, a_4 = 0, a_5 = 1$$

表示为

$$\{a_0 a_1 a_2 a_3 \cdots a_n \cdots\} = 101101 \tag{3-3}$$

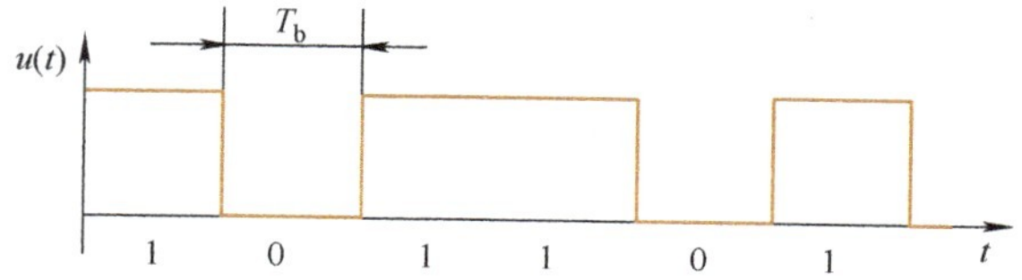

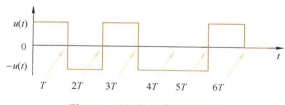

图3-7　单极性波参数示意图

63

（2）双极性波（见图3-8）　基带信号的一个二进制数$[a_0 a_1 a_2 a_3 \cdots a_n \cdots]$可以表示为

$$S_1(t) = \sum_n \{a_n g(t - nT_b) + (a_n - 1)g(t - nT_b)\} \tag{3-4}$$

调二进制数为

$$\{a_0 a_1 a_2 a_3 \cdots a_n \cdots\} = \{101101\} \tag{3-5}$$

表明$a_0 = 1, a_1 = 0, a_2 = 1, a_3 = 1, a_4 = 0, a_5 = 1$。

代入上式可得

$$S_1(t) = g(t) - g(t - T_b) + g(t - 2T_b) + g(t - 3T_b) - g(t - 4T_b) + g(t - 5T_b) \tag{3-6}$$

图3-8　双极性波参数示意图

（四）　数字信号调制的特点

数字信号只有几个离散值，所以，调制后的载波参数也只限个值，类似于用数字信息作为控制开关，从几个具有不同参量的独立振荡源中选择参量，因此将数字信号的调制方式称为键控。数字调制分为调幅、调频和调相三类，分别对应为幅移键控（ASK）、频移键控（FSK）和相移键控（PSK）三种数字调制方式。

1）在 ASK 调制方式中，当 1 出现时，接通振幅为 A 的载波信号，当 0 出现时，关闭载波信号，这相当于将原基带脉冲列信号的频谱搬到载波的两侧。

2）在 FSK 调制方式中，采取改变载波频率的方法来传递二进制符号，当 1 出现时为低频信号，当 0 出现时为高频信号。这种情况下，其频谱可以看成二进制脉冲码对低频载波的开关键控加上二进制脉冲码的反向码对高频载波的开关键控。

3）在 PSK 调制方式中，采取用 0 和 1 来改变载波的相位。这种情况下，脉冲的比特周期的边缘出现相位的跳变，但在间隔中部保留了相位信息。接收端的解调一般在其中心点附近进行。

一般来说，PSK 系统的性能要比 FSK 系统好，但是，在解调时必须使用同步检波。

调制的基本原理是用数字信号对载波的不同参量进行调制，载波信号为

$$S(t) = A\cos(\omega t + \varphi) \tag{3-7}$$

式中，$S(t)$ 为载波信号；A 为振幅；ω 为频率；φ 为初相位。

调制就是要使 A、ω、φ 等参数随着数字基带信号的变化而变化。

其中，ASK 调制方式是用载波的两个不同振幅表示 0 和 1；FSK 调制方式是用载波的两个不同频率表示 0 和 1；PSK 调制方式是用载波的起始相位变化表示 0 和 1。

综上所述，数字调制/传输/解调系统框图可简约描述如图 3-9 所示。

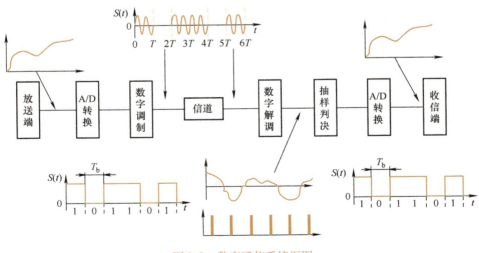

图 3-9　数字通信系统框图

（五）数字调制的优点

数字调制与模拟调制相比有许多优点，描述如下：

1）数字调制具有更好的抗干扰性能；

2）数字调制与传输具有更强的抗信道损耗；

3）数字调制与传输具有更好的安全性；

4）数字传输系统中可以使用差错控制技术，支持复杂信号条件和处理技术，如信源编码、加密技术以及均衡技术等；

5）在数字调制中，调制信号可以表示为符号或脉冲的时间序列，其中每个符号可以有 m 种有限状态，而每个符号又可采用 n 比特来表示。

第二节　关于 IQ 调制方法

（一）IQ 调制的定义

IQ 调制就是数据分为两路，分别进行载波调制，两路载波相互正交，I 是同相（In – phase），Q 是正交（Quadrature）。

（二）IQ 调制原理

数字 IQ 调制凭借高数据速率以及易于实现等优势，广泛应用于无线通信系统。与传统的模拟调制不同，数字调制采用了 IQ 调制架构以 0、1 比特流为调制信号。其过程就是将原始数据比特流按照一定的规则映射至 IQ 坐标系的过程。映射完成后，将得到数字 I 和 Q 信号，再分别由数模转换器 DAC 转换为模拟 I 和 Q 信号，最后经 IQ 调制器上变频至射频频段。

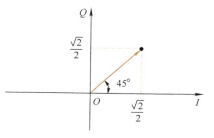

图 3-10　IQ 矢量坐标系

如图 3-10 所示的矢量坐标系，横轴为实部，纵轴为虚部。数字 IQ 调制完成了符号到矢量坐标系的映射，映射点一般称为星座点，具有实部和虚部。从矢量角度讲，实部与虚部是正交的关系，通常称实部为 In – phase 分量，则虚部为 Quadrature 分量。这就是 IQ 的由来，该矢量坐标系也可以称为 IQ 坐标系。

在 IQ 坐标系中，任何一点都确定了一个矢量，可以写为（$I + jQ$）的形式，数字调制完成后便可以得到相应的 I 和 Q 波形，因此数字调制又称为矢量调制。

无论是模拟调制，还是数字调制，都是采用调制信号去控制载波信号的三要素，即幅度、频率和相位，分别称为调幅、调频和调相。模拟调制称为 AM、FM 和 PM，而数字调制称为 ASK、FSK 和 PSK。数字调制中还有一种调制方式同时包含幅度和相位调制，称为正交幅度调制（QAM）。

（三）几种主要数字调制的 IQ 方法简析

1. 幅移键控（Amplitude Shift Keying，ASK）调制

通常指二进制幅移键控（2ASK），即只对载波作幅度调制，因此符号映射至 IQ 坐标系后只有 I 分量，而且只有两个状态——幅度 A_1 和 A_2，如图 3-11 所示。一个 bit 就可以表征两个状态，0 对应 A_1，1 对应 A_2。即一个状态只包含 1bit 信息，故符号速率与比特率相同。类似于模拟 AM，

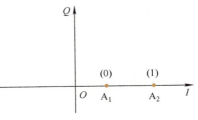

图 3-11　2ASK 调制映射星座图

ASK 也具有调制深度的概念，调制深度定义为当 2ASK 的调制深度为 100% 时，只有比特 1 有信号，比特 0 没有信号，所以称为 On – Off Keying，简称为 OOK 调制。OOK 是一种特殊的 ASK 调制，调制后的波形为射频脉冲信号。

$$\text{Mod depth} = | \, \text{depth} \, | = \frac{A_1 - A_2}{A_2} \times 100\% \qquad (3\text{-}8)$$

式中，Mod 表示绝对值，depth 为调制深度，其结果为百分数。

图 3-12 给出了当调制源为范例 100111000 时，OOK 调制之后产生的波形。其中上半图为采用矩形波滤波器（rectangular filter）对应的波形，脉冲波形很完美；下半图为采用升余弦滤波器（raised cosine filter）时的波

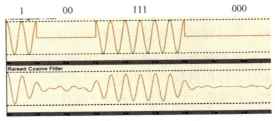

图 3-12　OOK 调制生成射频脉冲信号

形，由于该滤波器具有陡峭的滚降特性，抑制了脉冲信号的高频边带，所以脉冲波形的边沿变得很缓。因此，如果采用 OOK 方式产生射频脉冲串，则一定要采用矩形波滤波器。

2. 频移键控（Frequency Shift Keying，FSK）调制

常见的频移键控 FSK 包括 2FSK、4FSK、8FSK、16FSK 等。FSK 一般不提及星座图，而是将符号映射至频率轴，图 3-13 以 2FSK 和 4FSK 为例，给出了经典的符号映射关系。

图 3-13 中，其纵轴为基带信号频率相对于 FSK 的峰值偏差（peak deviation）的归一化值。

现以 4FSK 为例，说明 FSK 是如何实现数字调制的。其纵轴具有 $\{-1, -1/3, 1/3, 1\}$ 四个归一化频率状态，假设 FSK 的峰值偏差为 3MHz，则四个基

带频率分别为 {－3MHz，－1MHz，1MHz，3MHz}。选择调制源为模型 00011011，并设置符号速率为 1M Sym./s，则在四个频点上都将分别持续 1μs，即每个符号周期内对应的都是一个连续波信号。

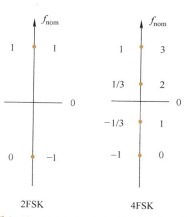

图 3-13　2FSK 和 4FSK 符号映射方式

虽然 FSK 并不是将符号直接映射至 IQ 坐标系中，但是 FSK 调制依然具有 I 分量和 Q 分量。因为任何一个频率不为 0 的基带信号，在 IQ 坐标系上的矢量轨迹都是一个圆，这意味着在不同时刻，该信号的 I 分量和 Q 分量也是变化的。

假设基带信号频率为 ω_1，则用虚指数形式可以表示为 $e^{j\omega_1 t}$，因此在 IQ 坐标系上，随着时间变化的矢量轨迹为一个圆。根据欧拉公式可得

$$e^{j\omega t} = \cos\omega t + j\arcsin\omega t = I + jQ \tag{3-9}$$

故

$$I = \cos\omega t \tag{3-10}$$

图 3-14 给出了上述例子中 4FSK 调制的 I 和 Q 波形，因为符号周期为 1μs，所以对于 f_1 和 f_4，一个符号周期内包含三个周期波形。类似地，对于 f_2 和 f_3，包含一个周期波形。从 IQ 坐标系的角度看，FSK 调制的过程就是沿着轨迹圆作圆周运动的过程，只是基带频率越高，运动速度越快。圆周运动过程中，改变的是载波的相位，因此也可以理解为 FSK 是通过调相间接实现的。

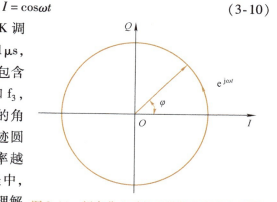

图 3-14　频率非 0 时的基带信号矢量轨迹图

3. 相移键控（Phase Shift Keying，PSK）调制

相移键控调制是一种非常主流的数字调制方式，常用的 PSK 包括二进制相移键控（Binary Phase Shift Keying，BPSK）、四进制相移键控（QuadPhase Shift Keying，QPSK）、分支四进制相移键控（Offset QPSK，OQPSK）、十六进制相移键控（Hexadecimal phase shift keying，HPSK）等。PSK 调制是将符号直接映射到 IQ 坐标系上的，图 3-15 给出了几组常用的映射方式。

下面以 QPSK 为例，介绍符号映射的过程，其他 PSK 调制过程与此类似。

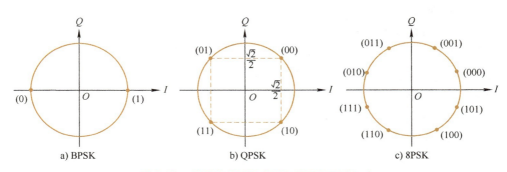

图 3-15   常见的 BPSK/QPSK/8PSK 映射方式

假设比特流为 00 01 11 10 01 00 11 10 00 11 共十个符号,按照图 3-15 的映射方式,可以得到图 3-16 所示的 IQ 基带波形及其矢量轨迹图。

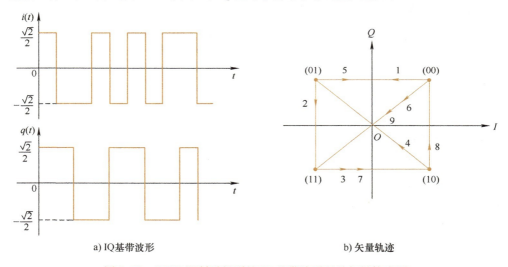

图 3-16   QPSK 调制后得到的 IQ 基带波形以及矢量轨迹图

图 3-16b 中数字 1~9 表示符号点的跳变轨迹,比如跳频路径 1 是指从符号(00)跳变至(01)的矢量轨迹,跳频路径 2 是从符号(01)跳变至(11)的矢量轨迹。其中跳频路径 4、6 和 9 会出现 I 和 Q 同时为 0 的情况,意味着这一瞬间将没有信号输出。这将导致输出的射频信号具有较高的峰均比(Peak - to - Average Ratio,PAR),如果要求发射平均功率达到某一水平,则高 PAR 对应的峰值功率将更高,对功率放大器的设计提出了挑战。

为了规避这种过零点行为,可将 Q 路信号延迟半个符号周期,此时 I 和 Q 不会同时为零,符号跳变时也就绕开了原点,如图 3-17 所示。这种 QPSK 调制一般称为分支四进制相移键控（Offset QPSK），简称为OQPSK；有的文献称为错列四进制相移键控（staggered QPSK），简称为SQPSK。

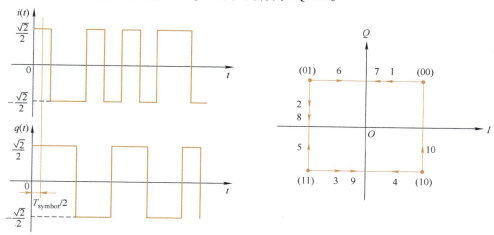

图 3-17 OQPSK 调制后得到的 IQ 基带波形以及矢量轨迹图

如果符号速率较高，则符号周期较短，FSK 调制过程中很有可能出现一个符号周期只包含部分波形的情况，如图3-18 和图3-19 所示，除了 +／－3MHz 两个频点是一个完整的周期，+／－1MHz 两个频点只有部分波形，两个频点只有部分波形。

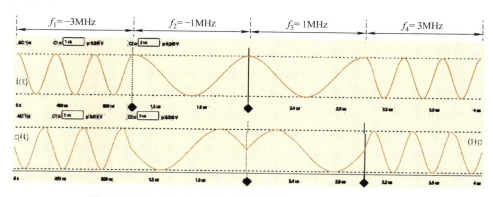

图 3-18 4FSK 调制的 IQ 波形（1M Sym./s，3MHz deviation）

4. 正交幅度调制（Quadrature Amplitude Modulation，QAM）

QAM 属于高阶数字调制，一个符号携带多个 bit 信息，比如 16/32/64/128/256/512/1024 QAM 等，因此在移动通信中较为常用。前面介绍的 PSK 调制并不会改变载波的振幅，只是改变其相位，而 QAM 相当于调幅和调相结合的调制方式，不仅会改变载波振幅，还会改变其相位。

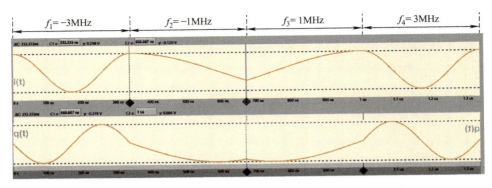

图 3-19　4FSK 调制的 IQ 波形（3M Sym./s，3MHz deviation）

　　图 3-20 以 16QAM 为例，给出了常用的映射星座图，具有 16 个星座点，因此一个符号携带 4bit 信息。16QAM 的 I 和 Q 路信号为 4 电平信号，作为示例，图 3-21 给出了形式为 0100 0101 0011 1100 0000 0010 1001 1100 对应的 16QAM 的基带 IQ 信号波形。

　　IQ 坐标系上映射星座点的 I 和 Q 决定了载波信号的振幅，而不是包络。为了便于证明，下面使用 IQ 调制的方式产生一个与载波同频的 CW 信号，对应的 I 和 Q 分量为一个常数，假设取图 3-17 所示的映射点，经过图 3-22 所示的 IQ 调制器上变频后得到射频信号 $S(t)$ 为

$$\sqrt{I^2 + Q^2}, \ i(t) = \frac{\sqrt{2}}{2}, \ q(t) = \frac{\sqrt{2}}{2} \tag{3-11}$$

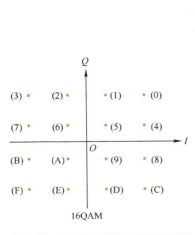

图 3-20　常用的 16QAM 映射星座图

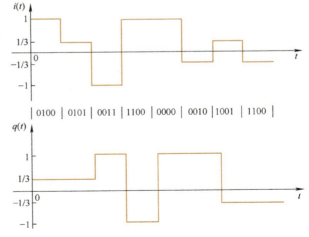

图 3-21　16QAM 的 IQ 基带波形图
（"0100 0101 0011 1100 0000 0010 1001 1100"）

可见，射频信号是振幅为 1 的连续波信号，因此，定义了载波信号的振幅。根据 16QAM 的星座图可知，任意两个符号之间都有可能存在跳变，而每个符号映射点对应的矢量模值可能不同，相位也可能不同，因此 QAM 会导致载波的振幅发生变化，同时相位也发生变化。对于 PSK 和 QAM，为

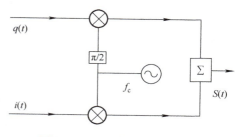

图 3-22　IQ 调制器架构示意图

了限制信号带宽，防止 ISI，一般都会采用脉冲整形滤波器（pulse shaping filter）对数字 IQ 信号进行滤波。关于脉冲整形滤波器将在后面介绍。

第三节　调制器的传输

一、调制器的传输模式

调制/解调器最初只是用于数据传输，然而，随着用户需求的不断增长以及厂商之间的激烈竞争，目前市场上出现了越来越多的一些二合一、三合一的调制/解调器。这些调制/解调器除了可以进行数据传输以外，还具有传真和语音传输功能。

（一）传真模式（Fax Modem）

通过 Modem 进行传真，除省下一台专用传真的费用外，好处还有很多：可以直接把计算机内的文件传真到对方的计算机或传真机，而无需先把文件打印出来；可以对接收到的传真方便地进行保存或编辑；可以克服普通传真机由于使用热敏纸而造成字迹逐渐消退的问题；由于 Modem 使用了纠错的技术，传真质量比普通传真机要好，尤其是对于图形的传真更是如此。目前的 Fax Modem 大多遵循 V. 29 和 V. 17 传真协议。其中 V. 29 支持 9600bit/s 传真速率，而 V. 17 则可支持 14400bit/s 的传真速率。

（二）语音模式（Voice Modem）

语音模式主要提供了电话录音留言和全双工免提通话功能，真正使电话与电脑融为一体。这里主要讨论的是一种新的语音传输模式，即数字同步语音和数据（Digital Simultaneous Voice and Data，DSVD）。DSVD 是由贺氏公司（Hayes）、罗克韦尔公司（Rockwell）、机器人技术（U. s. Robotics）、英特尔公司（Intel）等公司在 1995 年提出的一项语音传输标准，是现有的 V. 42 纠错协议的扩充。DSVD 通过采用数字式语音（Digi Talk）与数据同传技术，使 Modem 可以在普通电

话线上一边进行数据传输一边进行通话。

DSVD Modem 保留了 8K 的带宽（也有的 Modem 保留 8.5K 的带宽）用于语音传送，其余的带宽则用于数据传输。语音在传输前会先进行压缩，然后与需要传送的数据综合在一起，通过电话载波传送给对方用户。在接收端，Modem 先把语音与数据分离开来，再把语音信号进行解压和数－模转换，从而实现的数据－语音的同传。DSVD Modem 在远程教学、协同工作、网络游戏等方面有着广泛的应用前景，但在目前，由于 DSVD Modem 的价格比普通的 Voice Modem 要贵，而且要实现数据－语音同传功能时，需要对方也使用 DSVD Modem，从而在一定程度上阻碍了 DSVD Modem 的普及。

二、调制器的传输速率

Modem 的传输速率，指的是 Modem 每秒钟传送数据量的大小。平常说的 14.4K、28.8K、33.6K、56K 等指的就是 Modem 的传输速率。传输速率以 bit/s 为单位。因此，一台 33.6K 的 Modem 每秒钟可以传输 33600bit 的数据。由于目前的 Modem 在传输时都对数据进行了压缩，因此 33.6K 的 Modem 的数据吞吐量理论上可以达到 115200bit/s，甚至 230400bit/s。

Modem 的传输速率实际上是由 Modem 所支持的调制协议所决定的，平时在说明书上看到的 V.32、V.32bis、V.34、V.34＋、V.fc 等指的就是 Modem 的所采用的调制协议。其中 V.32 是非同步/同步 4800/9600bit/s 全双工标准协议；V.32bis 是 V.32 的增强版，支持 14400bit/s 的传输速率；V.34 是同步 28800bit/s 全双工标准协议；而 V.34＋则为同步全双工 33600bit/s 标准协议。以上标准都是由 ITU（国际通讯联盟）所制定，而 V.fc 则是由 Rockwell 提出的 28800bit/s 调制协议，但并未得到广泛支持。

提到 Modem 的传输速率，就不能不提时下的 56K Modem。其实，56K 的标准已提出多年，但由于长期以来一直存在以 Rockwell 为首的 K56 flex 和以 U.S. Robotics 为首 X2 的两种互不兼容的标准，使得 56K Modem 迟迟得不到普及。在国际电信联盟的努力下，56K 的标准终于统一为 ITU V9.0，众多的 Modem 生产厂商亦已纷纷出台了升级措施，而真正支持 V9.0 的 Modem 也已经广泛使用。56K 有望成为市场的主流。但是，目前国内许多 ISP 并未提供 56K 的接入服务。以上所讲的传输速率均是在理想状况的得出的，而在实际使用过程中，Modem 的速率往往难以达到标称值。实际的传输速率主要取决于以下因素。

（1）电话线路的质量 因为调制后的信号是经由电话线进行传送的，所以如果电话线路质量不佳，那么 Modem 将会降低速率以保证准确率。为此，在连接 Modem 时要尽量减少连线长度，多余的连线要剪去，切勿绕成一圈堆放。另外，最好不要使用分机，连线也应避免在电视机等干扰源上经过。

（2）是否有足够的带宽　如果在同一时间上网的人数很多，就会造成线路的拥挤和阻塞，Modem 的传输速率自然也会随之下降。因此，ISP 是否能提供足够的带宽非常关键。另外，避免在繁忙时段上网也是一个解决方法，尤其是在下载文件时，在繁忙时段与非繁忙时段下载所花费的时间会相差几倍之多。

（3）对方的 Modem 速率　Modem 所支持的调制协议是向下兼容的，实际的连接速率取决于速率较低的一方。因此，如果对方的 Modem 是 14.4K 的，那么即使采用 56K 的 Modem，也只能以 14400bit/s 的速率进行连接。

三、调制/解调器的传输协议

调制/解调器的传输协议包括调制协议（modulation protocols）、差错控制协议（error control protocols）、数据压缩协议（data compression protocols）和文件传输协议。调制协议在前面已经提及，下面谈一下其余的三种传输协议。

（一）差错控制协议

随着 Modem 的传输速率不断提高，电话线路上的噪声、电流的异常突变等都会造成数据传输的出错。差错控制协议要解决的就是如何在高速传输中保证数据的准确率。目前的差错控制协议存在着两个工业标准即 MNP4 和 V4.2。其中微通信网络协议（Microcom Network Protocols，MNP）是 Microcom 公司制定的传输协议，包括了 MNP1 ~ MNP10。由于商业原因，Microcom 目前只公布了 MNP1 ~ MNP5，其中 MNP4 是目前被广泛使用的差错控制协议之一。而 V4.2 则是国际电信联盟制定的 MNP4 改良版，它包含了 MNP4 和 LAP-M 两种控制算法。因此，一个使用 V4.2 协议的 Modem 可以和一个只支持 MNP4 协议的 Modem 建立无差错控制连接，反之则不能。所以在选择 Modem 时，最好选择支持 V4.2 协议的 Modem。

另外，市面上某些廉价 Modem 卡是为了降低成本，并不具备硬纠错功能，而是使用了软件纠错方式。在选择时要注意分清，不要被"带纠错功能"等字眼所迷惑。

（二）数据压缩协议

为了提高数据的传输量，缩短传输时间，现在大多数 Modem 在传输时都会先对数据进行压缩。与差错控制协议相似，数据压缩协议也存在两个工业标准，即 MNP5 和 V4.2bis。MNP5 采用了 Rnu-Length 编码和 Huffman 编码两种压缩算法，最大压缩比为 2:1。而 V4.2bis 采用了 Lempel-Ziv 压缩技术，最大压缩比

73

可达 4:1。这就是采用 V4. 2bis 压缩算法比 MNP5 压缩算法要快的原因。而数据压缩协议是建立在差错控制协议的基础之上的，MNP5 需要 MNP4 的支持，V4. 2bis 也需要 V4. 2 的支持。并且，虽然 V4. 2 包含了 MNP4，但 V4. 2bis 却不包含 MNP5。

（三）文件传输协议

文件传输是数据交换的主要形式。在进行文件传输时，为使文件能被正确识别和传送，需要在两台计算机之间建立统一的传输协议。这个协议包括了文件的识别、传送的起止时间、错误的判断与纠正等内容。常见的传输协议有以下几种：

1）ASCII 是最快的传输协议，但只能传送文本文件。

2）Xmodem 的传输协议速度较慢，但由于使用了 CRC 错误侦测方法，所以传输的准确率可高达 99.6%。

3）Ymodem 是 Xmodem 的改良版，使用了 1024 位区段传送，速率比 Xmodem 要快。

4）Zmodem 采用了串流式传输方式，传输速率较快，而且还具有自动改变区段大小和断点续传、快速错误侦测等功能。这是目前最流行的文件传输协议。

除以上四种外，还有 Imodem、Jmodem、Bimodem、Kermit、Lynx 等协议，由于没有多数厂商支持，故用途较少。

第四节　线性数字信号调制

一、线性数字信号调制概述

（一）线性数字信号调制的概念（Linear Digital Modulation，LDM）

线性数字信号调制是已调数字信号的频谱结构和基带信号的频谱结构相同，只是搬移了一个频率位置，没有新的频率成分出现的调制，如振幅键控调制。

数字调制是现代通信的重要方法，它与模拟调制相比有许多优点。数字调制具有更好的抗干扰性能，更强的抗信道损耗，以及更好的安全性。数字传输系统中可以使用差错控制技术，支持复杂信号条件和处理技术，如信源编码、加密技术以及均衡等。在数字调制中，调制信号可以表示为符号或脉冲的时间序列，其中每个符号可以有 m 种有限状态，而每个符号又可采用 n 比特来表示。

数字调制的种类很多，包括：

（1）幅移键控及其派生的　幅移键控（ASK）调制、开关键控（OOK）调制、正交幅度调制（QAM）、多进制幅移键控（MASK）调制。

（2）频移键控及其派生的　频移键控（FSK）调制、最小频移键控（MF-SK）调制、多进制频移键控（MFSK）调制、高斯最小频移键控（GMSK）调制、正交频分复用（OFDM）技术。

（3）相移键控及其派生的　相移键控（PSK）调制、二进制相移键控（BPSK）调制、正交相移键控（QPSK）调制、相对正交相移键控（DQPSK）调制等。

数字调制通常与通道分配、滤波、功率控制、误码校正和通信协议相结合，涵盖了特定的数字通信标准，其目的是从链路相反的两端（调制/解调），在信道之间发送无差错的信息比特，因为在信号传送时，在数字通信格式中进入系统的误差和信息损失是不可避免的。数字调制的基本流程与接收机相同，但有一点除外，即调制的准确度测量要求比较收到的调制波形与理想的调制波形。建立数学上理想的 I 信号和 Q 信号，这些理想的信号与实际的或劣化的 I 和 Q 信号进行比较，生成符合要求的调制波形和技术指标值，如在频域和时域中的功率和误码率。

（二）线性数字信号调制的定义

广义：指已调波中被调参数随调制信号成线性变化的调制过程。

狭义：指将调制信号的频谱搬移到载波频率两侧而成为上、下边带的调制过程。此时只改变频谱中各分量的频率，但不改变各分量振幅的相对比例，使上边带的频谱结构与调制信号的频谱相同，下边带的频谱结构则是调制信号频谱的镜像。

（三）脉冲调制的主要方式

脉冲调制是以被调制的载波为脉冲串，进而为信号进行调制。主要的调制形式分为两种：其一是利用连续的调制信号改变脉冲载波的参数，这种形式通常应用于有线传输系统；其二为利用连续的调制信号的数字化形式转换脉冲编码调制的脉冲组，主要应用于信源编码。

数字调制又被分为两大类，即数字线性调制和数字非线性调制。幅移键控调制和其派生调制属于数字线性调制范畴；而频移键控调制和相移键控调制及其相应的派生调制属于数字非线性调制范畴。各种调制方式所对应的调制参数如图 3-23 所示。

图 3-23　各种调制方式所对应的调制参数

（四）数字通信系统的基本组成

典型的数字通信系统由信息源、编码解码器、调制解调器、信道及信宿等环节构成，其框图如图 3-24 所示。数字调制是数字通信系统的重要组成部分，数字调制系统的输入端是经编码器编码后适合在信道中传输的基带信号。对数字调制系统进行仿真时并不关心基带信号的码型，因此，在仿真时可以给数字调制系统直接输入数字基带信号，不用再经过编码器。

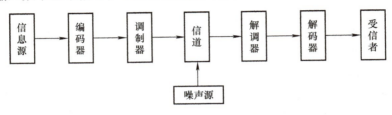

图 3-24　数字通信系统模型

76

二、幅移键控调制

（一）幅移键控调制概念

幅移键控（Amplitude – Shifted Key，ASK）调制又称为振幅键控调制，是一种相对简单的调制方式。类似于模拟信号调制中的调幅，只不过与载频信号相乘的是二进制数码而已。

幅移就是将频率、相位作为常量，而将振幅作为变量，信息比特是通过载波的幅度来传递的。幅移键控调制常用的调制方式包括正交幅度调制（QAM）和多进制幅移键控（MASK）调制，其中，正交幅度调制也称为正交幅移键控调制。

而二进制振幅键控（2ASK），因为调制信号只有 0 和 1 两种电平，所以相乘的结果相当于将载频关断或者接通，其实际意义是当调制的数字信号为 1 时，传输载波；当调制的数字信号为 0 时，不传输载波。

定义：以基带数字信号控制载波的幅度变化的调制方式称为幅移键控（ASK），又称为数字调幅。数字调制信号的每一特征状态都用正弦振荡幅度的一个特定值来表示。幅移键控是通过改变载波信号的振幅大小来表示数字信号 1 和 0 的，以载波幅度 A_1 表示数字信号 1，用载波幅度 A_2 表示数字信号 0 而载波信号的 ω 和 φ 恒定。

（二）幅移键控调制原理

幅度键控可以通过乘法器和开关电路来实现。载波在数字信号 1 或 0 的控制下通或断，在信号为 1 的状态载波接通，此时传输信道上有载波出现；在信号为 0 的状态载波断开，此时传输信道上没有载波出现。

幅移键控各个参数表示如图 3-25 所示。其中，$S(t)$ 为基带矩形脉冲，一般载波信号为采用余弦信号，而调制信号是将数字信号序列转换成单极性的基带矩形脉冲序列，这个通断键控的作用就是将输出与载波相乘，即可将频谱搬移到载波频率附近，实现 2ASK 波形。幅移键控波形如图 3-26 所示。

图 3-25　ASK 调制原理图

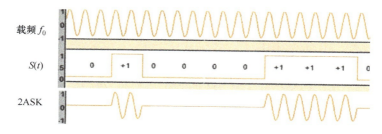

图 3-26　2ASK 调制波形图

幅移键控的数学表达式为

$$s(t) = A(t)\cos(\omega_0 t + \theta), 0 < t \leq T \tag{3-12}$$

$$A(t) = \begin{cases} A, & \text{当发送 1 时} \\ 0, & \text{当发送 0 时} \end{cases} \tag{3-13}$$

（三）幅移键控的解调方法

（1）包络检波法　非相干解调幅移键控包络检波法解调的原理框图如图 3-27 所示。

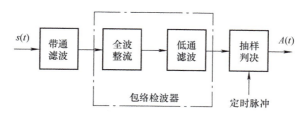

图 3-27　幅移键控包络检波法解调的原理框图

（2）相干解调法　幅移键控相干解调法解调的原理框图如图 3-28 所示。

（四）幅移键控的功率谱密度（见图 3-29）

调制输出函数为

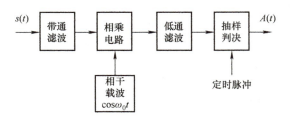

图 3-28　幅移键控相干解调法解调的原理框图

$$s(t) = A(t)\cos(\omega_0 t + \theta), \qquad 0 < t \leqslant T \tag{3-14}$$

调制输出函数幅度为

$$A(t) = \begin{cases} A, & \text{当发送 1 时} \\ 0, & \text{当发送 0 时} \end{cases} \tag{3-15}$$

幅移键控的功率谱密度为

$$P_s(f) = \frac{1}{4}\left[P_A(f+f_0) + P_A(f-f_0)\right] \tag{3-16}$$

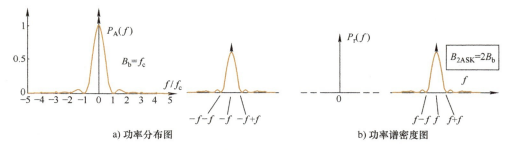

a) 功率分布图　　　　　　　　　　　　　b) 功率谱密度图

图 3-29　幅移键控的功率谱密度分布图

（五）幅移键控调制/解调的误码率

相干解调法和包络检波法的电路结构如图 3-30a、b 所示。图中各个节点的函数值见下列函数式。

解调电路中的接收信号为

$$\begin{cases} s(t) = \begin{cases} A\cos\omega_0 t, & \text{当发送 1 时} \\ 0, & \text{当发送 0 时} \end{cases} \\ y(t) = s(t) + n(t), 0 < t \leqslant T \\ n(t) = n_c(t)\cos\omega_0 t - n_s(t)\sin\omega_0 t \end{cases} \tag{3-17}$$

同类项合并后，即为

$$y(t) = \begin{cases} [A + n_c(t)]\cos\omega_0 t - n_s(t)\sin\omega_0 t, & \text{发送 1 时} \\ n_c(t)\cos\omega_0 t - n_s(t)\sin\omega_0 t, & \text{发送 0 时} \end{cases} \tag{3-18}$$

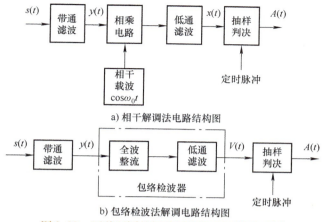

a) 相干解调法电路结构图

b) 包络检波法解调电路结构图

图 3-30　两种不同的幅移键控解调电路结构图

其中

$$y(t) = \begin{cases} A\cos\omega_0 t + n_c(t)\cos\omega_0 t - n_s(t)\sin\omega_0 t, & \text{发送 1 时} \\ n_c(t)\cos\omega_0 t - n_s(t)\sin\omega_0 t, & \text{发送 0 时} \end{cases} \quad (3\text{-}19)$$

1）对于相干法解调后得到

$$x(t) = \begin{cases} A + n_c(t), & \text{当发送 1 时} \\ n_c(t), & \text{当发送 0 时} \end{cases} \quad (3\text{-}20)$$

$$P_1(x) = P_0(x) \quad (3\text{-}21)$$

最佳门限值为

$$h^* = x^* = A/2 \quad (3\text{-}22)$$

则

$$P_e = \frac{1}{2}\text{erfc}(\sqrt{r}/2) \quad (r \text{ 为信噪比}，r = A^2/2\sigma^2) \quad (3\text{-}23)$$

当发送 1、0 时，$X(t)$ 的概率密度分别为

$$\begin{cases} p_1(x) = \dfrac{1}{\sqrt{2\pi}\sigma_n}\exp[-(x-A)^2/2\sigma_n^2] \\ p_0(x) = \dfrac{1}{\sqrt{2\pi}\sigma_n}\exp(-x^2/2\sigma^2/n) \end{cases} \quad (3\text{-}24)$$

式中，$A = E[X(t)]$ 为均值；$\sigma_n^2 = E[X(t) - A]$ 为方差；σ_n 为标准偏差。

误码率的概率曲线如图 3-31 所示，最佳门限值为 $h^* = A/2$。

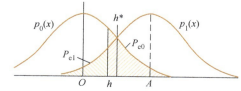

图 3-31　在最佳门限值的条件下误码率的概率曲线

总误码率为

$$P_e = P_{(1)}P_{e1} + P_{(0)}P_{e0} \tag{3-25}$$

$$\begin{cases} P_{e1} = \int_{-\infty}^{h} P_1(x)\,dx = 1 - \dfrac{1}{2}\Big[1 - \mathrm{erf}\Big(\dfrac{h-A}{\sqrt{2\sigma_n^2}}\Big)\Big] \\[4mm] P_{e0} = \int_{h}^{\infty} P_0(x)\,dx = \dfrac{1}{2}\Big[1 - \mathrm{erf}\Big(\dfrac{h}{\sqrt{2\sigma_n^2}}\Big)\Big] \end{cases} \tag{3-26}$$

当 $P(1) = P(0)$ 时，相干解调的总误码率为

$$P_e = \frac{1}{2}P_{e1} + \frac{1}{2}P_{e0} = \frac{1}{4}\Big[1 + \mathrm{erf}\Big(\frac{h-a}{\sqrt{2}\sigma_n}\Big)\Big] + \frac{1}{4}\Big[1 - \mathrm{erf}\Big(\frac{h}{\sqrt{2}\sigma_n}\Big)\Big] \tag{3-27}$$

2）对于包络检波器法解调后得到

$$V(t) = \begin{cases} \sqrt{[A + n_c(t)]^2 + n_s^2(t)}, & \text{发送 1 时} \\[2mm] \sqrt{n_c^2(t) + n_s^2(t)}, & \text{发送 0 时} \end{cases} \tag{3-28}$$

当 $V > h$ 时，判定为收到信码 1；当 $V \leqslant h$ 时，判定为收到信码 0。

当大信噪比时，误码率为

$$P_e = \frac{1}{2}e^{-\frac{r}{4}} \tag{3-29}$$

同上，当发送 1、0 时，$X(t)$ 的概率密度分别为

$$\begin{cases} p_1(x) = \dfrac{1}{\sqrt{2\pi}\sigma_n}\exp\big[-(x-A)^2/2\sigma_n^2\big] \\[4mm] p_0(x) = \dfrac{1}{\sqrt{2\pi}\sigma_n}\exp(-x^2/2\sigma_n^2) \end{cases} \tag{3-30}$$

式中，$A = E[X(t)]$ 为均值；$\sigma_n^2 = E[X(t) - A]$ 为方差；σ_n 为标准偏差。

令 h 为判决门限，则将 1 错判为 0 的概率及将 0 错判为 1 的概率，分别等于下式中的 P_{e1} 及 P_{e0}。

式中的 $\mathrm{erf}(x) = \dfrac{2}{\sqrt{\pi}}\int_0^x e - u^2\,du$ 定义为误差函数。

$$\begin{cases} P_{e1} = \int_{-\infty}^{h} P_1(x)\,dx = 1 - \dfrac{1}{2}\Big[1 - \mathrm{erf}\Big(\dfrac{h-A}{\sqrt{2\sigma_n^2}}\Big)\Big] \\[4mm] P_{e0} = \int_{h}^{\infty} P_0(x)\,dx = \dfrac{1}{2}\Big[1 - \mathrm{erf}\Big(\dfrac{h}{\sqrt{2\sigma_n^2}}\Big)\Big] \end{cases} \tag{3-31}$$

总误码率为

$$P_e = P_{(1)}P_{e1} + P_{(0)}P_{e0}$$

误码率的概率曲线如图 3-32 所示。

3）两种解调方式的误码率比较（信噪比 $r \gg 1$）。

相干解调法的误码率为

$$P_{e0} = \frac{1}{\sqrt{\pi r}} e^{\frac{-r}{4}} \tag{3-32}$$

包络检波法的误码率为

$$P_{e1} = \frac{1}{2} e^{\frac{-r}{2}} \tag{3-33}$$

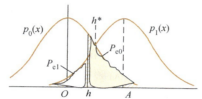

图 3-32　包络检波器解调法误码率的概率曲线

由以上两式比较可得出以下结论：在大信噪比时，相干解调法的误码率总是低于包络检波法的误码率；相干解调需要相干载波，故设备相对复杂。

4）举例计算。

假设　有一个 2ASK 信号传输系统，其码元速率 $R_B = 4.8 \times 10^6 \text{Baud}$ ，接收信号的振幅 $A = 1 \text{mV}$，高斯噪声的单边功率谱密度为 $n_0 = 2 \times 10^{-15} \text{W/Hz}$。

试求：1）采用包络检波法时的最佳误码率；

　　　2）采用相干解调法时的最佳误码率。

解　基带矩形脉冲的带宽为

$$B_b = 1/T \text{（Hz）}$$

接收端带通滤波器的最佳带宽为

$$B = B_{2ASK} = 2B_b = 2/T = 2R_B = 2 \times 4.8 \times 10^6 = 9.6 \times 10^6 \text{（Hz）}$$

所以，带通滤波器输出噪声的平均功率为

$$\sigma_n^2 = n_0 B = 2 \times 10^{-15} (\text{W/Hz}) \times 9.6 \times 10^6 (\text{Hz}) = 1.92 \times 10^{-8} (\text{W})$$

在噪声平均功率定了之后，其传输系统的误码率 r 为

$$r = \frac{A^2}{2\sigma_n^2} = \frac{10^{-6}}{2 \times 1.92 \times 10^{-8}} \approx 26 \gg 1$$

所以

1）采用包络检波法时的最佳误码率为

$$P_e = \frac{1}{2} e^{-\frac{r}{4}} = \frac{1}{2} e^{-6.5} = 7.5 \times 10^{-4}$$

2）采用相干解调法时的最佳误码率为

$$P_e = \frac{1}{\sqrt{\pi r}} e^{-\frac{r}{4}} = \frac{1}{\sqrt{3.1416 \times 26}} e^{-6.5} = 1.66 \times 10^{-4}$$

三、正交幅度调制

（一）正交幅度调制的定义

正交幅度调制（Quadrature Amplitude Modulation，QAM）也称作正交幅移键控调制，是一种在两个正交载波上，将两种调制信号［振幅调制（2ASK）和相位调制（2PSK）］联合调制，并在调制后汇合到一个信道的幅度调制方法。两个载波通常是相位差为90°的正弦波，因此被称作正交载波。这种调制方式因此而得名。常见形式有16 – QAM、64 – QAM、256 – QAM。

可见，正交幅度调制是一种已调信号的振幅和相位均随数字基带信号的变化而变化的调制。就是用两个调制信号对频率相同、相位正交的两个载波进行调幅，然后将已调信号加在一起进行传输或发射，其调制/解调系统原理图如图3-33所示。因此，会双倍扩展其有效带宽。

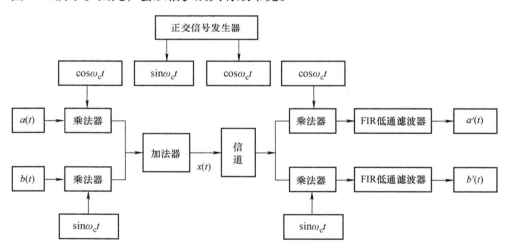

图3-33　正交幅度调制/解调系统原理框图

模拟信号的相位调制和数字信号的 PSK 可以被认为是幅度不变，仅有相位变化的特殊的正交幅度调制。由此，模拟信号频率调制和数字信号 FSK 也可以被认为是 QAM 的特例，因为它们本质上就是相位调制。这里主要讨论数字信号的 QAM，尽管模拟信号 QAM 也有很多应用，例如 NTSC 和 PAL 制式的电视系统就是利用正交的载波传输不同的颜色分量。

类似于其他数字调制方式，QAM 发射信号集可以用星座图方便地表示。星座图上每一个星座点对应发射信号集中的一个信号。设正交幅度调制的发射信号

者调制后的合成信号为

$$s(t) = s_R(t)\cos(\omega_0 t) - s_I(t)\sin(\omega_0 t) \tag{3-34}$$

根据傅里叶变换的常用公式

$$\cos(\omega_0 t) \Leftrightarrow \pi[\delta(\omega - \omega_0) + \delta(\omega + \omega_0)] \tag{3-35}$$

$$\sin(\omega_0 t) \Leftrightarrow \frac{\pi}{j}[\delta(\omega - \omega_0) - \delta(\omega + \omega_0)]f(t)h(t) \Leftrightarrow \frac{1}{2\pi}F(\omega)H(\omega)$$

$$\tag{3-36}$$

$$s_R(t)\cos(\omega_0 t) \Leftrightarrow \frac{1}{2}[S_R(\omega - \omega_0) + S_R(\omega + \omega_0)] \tag{3-37}$$

得到

$$s_I(t)\sin(\omega_0 t) \Leftrightarrow \frac{j}{2}[S_I(\omega - \omega_0) - S_I(\omega + \omega_0)] \tag{3-38}$$

$$S(\omega) = \frac{1}{2}\{[S_R(\omega - \omega_0) + S_R(\omega + \omega_0)] + j[S_I(\omega - \omega_0) - S_I(\omega + \omega_0)]\}$$

$$\tag{3-39}$$

以上便是调制后的结果 $S(\omega)$ 的数学表达式。

2. 正交调幅解调的数学表达式

为了清晰思路，对于合成信号 $S(\omega)$ 经信道传输后，产生的畸变和失真暂不考虑，则接收信号为

$$2S(t)\cos(\omega_0 t) \Leftrightarrow S(\omega - \omega_0) + S(\omega + \omega_0)$$

$$S(\omega - \omega_0) + S(\omega + \omega_0)$$

$$= \frac{1}{2}\{S_R(\omega - 2\omega_0) + S_R(\omega) + S_R(\omega) + S_R(\omega + 2\omega_0)] + \tag{3-40}$$

$$j[S_I(\omega - 2\omega)_0 - S_I(\omega) + S_I(\omega) - S_I(\omega + 2\omega_0)]\}$$

经傅里叶反变换自然就可得到 $S_R(t)$。

同理

$$-2S(t)\sin(\omega_0 t) \Leftrightarrow j[S(\omega - \omega_0) - S(\omega + \omega_9)] \tag{3-41}$$

则

$$j[S(\omega - \omega_0) - S(\omega + \omega_0)]$$

$$= \frac{1}{2}\{[S_R(\omega - 2\omega_0) + S_R(\omega) - S_R(\omega) - S_R(\omega + 2\omega_0)] + $$

$$j[S_I(\omega - 2\omega_0) - S_I(\omega) - S_I(\omega) + S_I(\omega + 2\omega_0)]\} \tag{3-42}$$

经过低通滤波器，滤除 $2\omega_0$ 的频率分量，则只剩下 $S_I(\omega)$。经傅里叶反变换自然就可得到实数部分 $S_R(t)$ 和虚数部分 $S_I(t)$，其数学表达式如下：

$$S_R(t) = r(t)\cos\theta(t) \text{ 为实数部分(RP)}$$

$$S_I(t) = r(t)\sin\theta(t) \text{ 为虚数部分(IP)}$$

其实数部分即为数字调制信号本身，而虚数部分则为调制信号的希尔伯特变换的复过程。

$$Z(t) = S(t) + j\hat{S}(t) \tag{3-43}$$

3. 正交幅度调制的复数表示法

正交幅度调制原理见图 3-33 中信号调制部分，两路信号分别称为同相分量信号和正交分量信号。合成信号 $S(t)$ 称作正交调制信号。

如果两路信号中除了时间参数外，还有未知参数，如振幅、频率、相位，则它们是随机过程。假设两个分量信号是零均值的联合平稳的实过程，则合成信号就是调制过程（实过程），即

$$S(t) = S_R(t)\cos(\omega_0 t) - S_I(t)\sin(\omega_0 t) \tag{3-44}$$

式（3-44）是正交表达式，其三角表达式的形式如下，也叫作包络相位表达式：

$$S(t) = r(t)\cos[\omega_0 t + \theta(t)] \tag{3-45}$$

其振幅和相位均是随机过程，即

$$r(t) = \sqrt{[S_R(t)^2 + S_I(t)^2]}, \qquad \theta(t) = \arctan\frac{S_I(t)}{S_R(t)} \tag{3-46}$$

式中，振幅 $r(t)$ 是包络线，相对于 $S(t)$，它通常是缓慢变化的，其构造复过程为

$$a(t) = S_R(t) + jS_I(t) = r(t)e^{j\theta(t)} \tag{3-47}$$

$a(t)$ 是复包络，显然有 $S_R(t) = r(t)\cos\theta(t)$ 为实数部分；$S_I(t) = r(t)\sin\theta(t)$ 为虚数部分。

（五）正交幅度调制中的数据交换方式

通信的子网络由传输线路和中间节点组成。当信源（源节点）和信宿（目的节点）之间不是线路直接相连时，信源发出的数据就要先到达与之相连的中间节点，再从该中间节点传到下一个中间节点，直至到达信宿，这个过程称作交换。

在数据通信中，数据交换方式主要包括电路交换和存储交换两类。

数字通信交换中经常用错误率（包括误符号率和误比特率）与信噪比的关系衡量调制和解调方式的性能。下面给出一些概念的记法，以得到加性高斯白噪声信道下错误率的表达式。

所谓加性高斯白噪声（Additive white Gaussian noise，AWGN）在通信领域中指的是一种功率谱函数是常数（即白噪声），且幅度服从高斯分布的噪声信号。因其可加性、幅度服从高斯分布，且为白噪声中的一种而得名。该噪声信号为一种便于分析的理想噪声信号，所以常取相近似的噪音频谱采用加性高斯白噪声进行分析计算。

（六）正交幅度调制的优缺点

1）频带利用率高，传输效率高。与其他调制技术相比，QAM 具有能充分利用频带利用率的特点。如在二进制 ASK 系统中，其频带利用率是 $1\text{bit}/(\text{s}\cdot\text{Hz})$，若利用正交载波调制技术传输 ASK 信号，则可使频带利用率提高一倍。如果再将多进制与其他技术结合起来，那么还可进一步提高频带利用率。2048QAM、4096QAM 的调制方式已经在微波产品中得到应用。

2）发射信号集可以用星座图表示。类似于其他数字调制方式，QAM 发射信号集可以用星座图方便地表示。星座图上每一个星座点对应发射信号集中的一个信号。

3）抗噪声能力强。

4）QAM 技术用于 ADSL 的主要问题是如何适应不同通信信道之间较大的性能差异。

5）要取得较为理想的工作特性，QAM 接收器需要一个和发送端具有相同的频谱和相应特性的输入信号用于解码，QAM 接收器利用自适应均衡器来补偿传输过程中信号产生的失真，因此采用 QAM 的非对称数字用户线路的 ADSL 系统的复杂性来自它的自适应均衡器。

四、多进制幅移键控调制

（一）多进制幅移键控调制概念

（1）定义　多进制幅移键控（Multi – system Amplitude Shift Keying，MASK）调制又称多进制数字调制法。在幅移键控调制中，当进制数等于或大于 4 时（如 16 进制的 16QAM），称为多进制幅移键控调制。

（2）特点　在二进制数字调制中每个符号只能表示 0 和 1（+1 或 −1）。但在许多实际的数字传输系统中却往往采用多进制的数字调制方式。与二进制数字调制系统相比，多进制数字调制系统具有以下两个特点：

第一，在相同的信道码源调制中，每个符号可以携带 $\log 2M$ 比特信息，因此，当信道频带受限时，可以使信息传输率增加，提高了频带利用率。且进制数越大，频带的利用率也越高。但由此付出的代价是信号功率的增加和实现的复杂性。

第二，在相同的信息速率下，由于多进制方式的信道传输速率可以比二进制的慢，因而多进制信号码源的持续时间要比二进制的长。加宽码元宽度，就会增加信号码元的能量，也能减小由于信道特性引起的码间干扰的影响，即抗干扰能力更强。

（二）二进制 2ASK 与四进制 MASK 调制性能的比较

二进制 2ASK 调制信号的已调制波如图 3-35a 所示，四进制 MASK 调制信号的已调制波如图 3-35b 所示。

多进制的幅移键控调制可以如图 3-36 所示对波形进行分解。如对于图中的 4ASK$[e(t)]$，可看作是 $e_0(t)$、$e_1(t)$、$e_2(t)$ 和 $e_3(t)$ 等四部分信号的叠加。

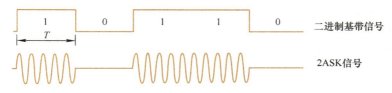

a) 二进制幅度键控调制波形图

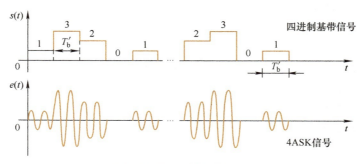

b) 四进制幅度键控调制波形图

图 3-35　多进制幅移键控调制波形示意图

（三）多进制的幅移键控调制的功率谱

在相同的输出功率和信道噪声条件下，MASK 的解调性能随信噪比恶化的速度比 OOK 要迅速得多。这说明 MASK 应用对信噪比的要求比普通 OOK 要高。

在相同的信道传输速率下，多进制电平调制与二进制电平调制具有相同的信号带宽，即在符号速率相同的情况下，二者具有相同的功率谱。虽然多电平 MASK 调制方式是一种高效率的传输方式，但由于它的抗噪声能力较差，尤其是抗衰落的能力不强，因而它一般只适宜在恒定参数信道下采用，其多进制幅移键控调制功率谱图如图 3-37 所示。

例如，00 转换成 -3、01 转换成 -1、10 转换成 $+1$、11 转换成 3，这两路 4 电平数据 $g_1(t)$ 和 $g_2(t)$ 分别对载波 $\cos 2\pi f_c t$ 和 $\sin 2\pi f_c t$ 进行调制，然后相加，即可得到 16QAM 的信号。

（四）多进制的幅移键控调制的带宽和频率利用率

从多进制的幅移键控调制的功率谱图示中可以看出

$$B_{\text{MASK}} = 2f_b = 2R_B \tag{3-48}$$

所以，其频带利用率为

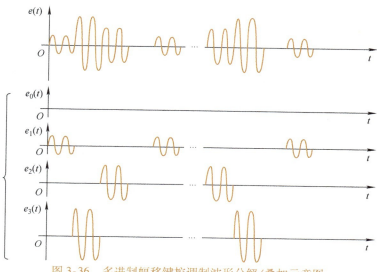

图 3-36　多进制幅移键控调制波形分解/叠加示意图

89

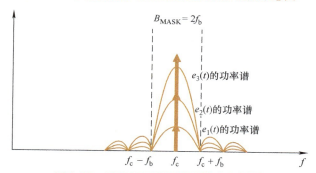

图 3-37　多进制幅移键控调制功率谱图

$$\eta_{b} = \frac{R_{b}}{B_{MASK}} = \frac{R_{B}\log_2 M}{2R_{B}} = \frac{\log_2 M}{2}\left(\frac{bit/s}{Hz}\right)$$

$$\eta_{B} = \frac{R_{B}}{B_{MASK}} = \frac{R_{B}}{2R_{B}} = \frac{1}{2}(Baud/Hz) \tag{3-49}$$

（五）　多进制幅移键控调制的调制方法

多进制幅移键控调制的解调方法有采用相干法和非相干法进行解调两种。

（六）　多进制正交幅度调制（MQAM）

多进制正交幅度调制是在中、大容量数字微波通信系统中大量使用的一种载波控制方式。这种方式具有很高的频谱利用率，在调制进制数较高时，信号矢量集的分布也较合理，同时实现起来也较方便。具有 4QAM、8QAM、16QAM 和 32QAM 等调制方式，其中，16QAM 和 32QAM 调制器广泛应用于有线电视系统。在 SDH 数字微波、LMDS 等大容量数字微波通信系统中广泛使用的 64QAM、128QAM 等均属于这种调制方式。

五、开关键控调制与反向开关键控调制

依据不同的标准，数字调制有不同的分类。在通用的术语中将数字信息码元的脉冲序列看作电键对载波的参数进行控制，所以将数字调制称为键控。其是根据加载的调制参数来进行分类的，最常见的类型有二进制幅度键控（2ASK）、二进制频率键控（2FSK）和二进制相位键控（2PSK），分别对应调制载波的幅度、频率和相位。为了叙述方便，一般可约定简称为数字调幅、数字调频和数字调相。

数字调制方式中的最简单的一种调制方式即为通断键控调制方式，也称二进制开关键控（On – Off Keying，OOK）。

（一）OOK 调制原理

根据发射幅度来控制发射的载波频率，如发射幅度高时发射载波频率；反之，发射幅度低时，则不发射载波频率的数字调制。

可见，OOK 为 ASK 的一个特例，即将一个幅度取为零（0），另一个幅度则为非零（1），就可以理解为 OOK。所以，二进制开关键控也称为二进制振幅键控，它是以单极性不归零码序列来控制正弦载波的开启与关闭，是较早发明的调制方式之一。

其调制/解调原理如图 3-38 所示。

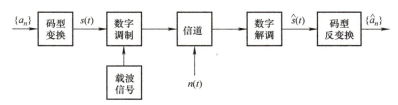

图 3-38　OOK 调制/解调原理框图

（二）OOK 调制波形图

如图 3-39 中所示，Symbol 为调制波举例的数字码形符号，经开关调制后输出 OOK 码；当需要进行反向调制编码时，输出反向开关调制编码 ROOK 码。

（三）OOK 调制特点

这种调制方式的特点具有调制方式实现简单，需要发射功率最低，占用频带宽度最小等特点，但是其抗外界干扰噪声的性能较差。所以主要应用在需要电池供电的移动式设备上，应用于外界干扰较小的系统，如光纤通信系统中。该调制方式的分析方法是基本的，因而可从 OOK 调制方式入门来研究数字调制的基本理论。如图 3-40 和图 3-41 所示，采用开关键控法，很容易产生 2ASK 信号和

2FSK 信号。而在抗干扰能力较强的场合，如卫星通信系统、数字微波通信系统则不被采用。

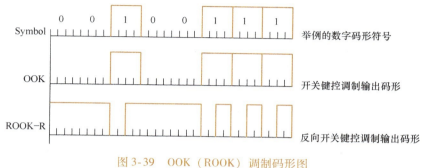

图 3-39 OOK（ROOK）调制码形图

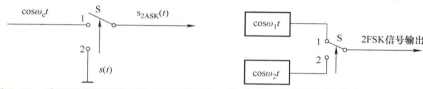

图 3-40 采用开关键控法产生 2ASK 信号　图 3-41 采用开关键控法产生 2FSK 信号

（四）OOK 调制的主要技术参数

（1）要求频带宽度　频带宽度通常用功率密度的主瓣宽度来估算，为 $\sin C$ 函数。因为在高速编码及传输的脉冲时隙宽度很窄，所以可用此时隙宽度脉冲的倒数来近似求得信号的带宽。例如以 R_b 的信息传送率发送信号，则 OOK 所需要的带宽与脉冲时隙宽度成反比，则为

$$B_{OOK} = \frac{1}{T_{OOK}} = R_{b \cdot OOK} \tag{3-50}$$

OOK 调制

$$B_{OOK} = R_b \tag{3-51}$$

ROOK – RZ 调制

$$B_{ROOK-RZ} = B_{OOK}/\tau_p \tag{3-52}$$

其他各种调制的频带宽度均以 B_{OOK} 为基数，OOK 调制所占用的带宽最窄，RPPM 调制所占用的带宽最宽；而 RDPPM 调制、RDPIM 调制所占用的带宽几乎相同，介于中间。在具体选用时可根据需要和可给定的频段宽度选用。

（2）需要发射功率　在二进制信息传输中，由于信息 1 与信息 0 的出现概率是随信息变化而随机变化的，所以要比较各种调制方式的发射功率的大小，就需在相同条件下进行比较，以下假设二进制信息比特 1 和 0 以等概率出现，来计算各种调制方法的平均发射功率。

所以 OOK 调制的平均发射功率为

$$P_{OOK} = P_t/2 \tag{3-53}$$

反向 OOK 调制 ROOK 的平均发射功率为

$$P_{ROOK-RZ} = P_{OOK}^* * (1 + \tau_p) \tag{3-54}$$

（3）OOK 调制系统误时隙率（传输误码率）的概率计算 在通信中，其噪声主要为散弹噪声，即所谓的白噪声（AGWN），所以其产生与信号无关。其噪声主要来自前置放大器，噪声形式同样可视为 AGWN。此时的信道模型即可看成基带线性系统模型，其时间噪声模型为

$$Y(t) = R * X(t) \otimes h(t) + n(t) \tag{3-55}$$

式中，R 为探测器响应度；$\otimes$ 表示卷积；$h(t)$ 为冲激响应度；$n(t)$ 为白噪声的响应度。

设定各种调制方式在同一平均功率 P_{avg} 相等条件下，且接收带宽没有限制很宽的前提下，则门限判决器输入端就会得到 $X(t)$ 为

在发送脉冲时

$$x(t) = \sqrt{P_t} + n(t) \tag{3-56}$$

在不发送脉冲时

$$x(t) = n(t) \tag{3-57}$$

式中，P_t 为门限判决器输入端的允许信号峰值功率。

设判决门限值为 b，则调制系统将有脉冲时隙误判为无脉冲时隙的概率为

$$P_{el} = (1/2) \frac{1 + \text{erfc}(b - \sqrt{P_t})}{\sqrt{2\sigma_n^2}} \tag{3-58}$$

$$= (1/2) \text{erfc} \frac{\sqrt{P_t} - b}{\sqrt{2\sigma_n^2}}$$

调制系统将无脉冲时隙误判为有脉冲时隙的概率为

$$p_{co} = (1/2) \left(\text{erfc} \frac{b}{\sqrt{2\sigma_n^2}} \right) \tag{3-59}$$

式中，$\text{erfc} = \frac{2}{\sqrt{\pi}} \int_x^\infty \text{cxp}(-u^2) \, du$。

所以，总误码时隙为

$$p_{SC} = p_0 p_{co} + p_1 p_{ce} \tag{3-60}$$

式中，p_0，p_1 分别为等概率发送 0、1 时所对应的无脉冲误码概率和有脉冲误码概率，且 $p_0 + p_1 = 1$。

所以信噪比为

$$R_{SN} = \frac{P_{avg}}{\sigma_n^2} \tag{3-61}$$

最佳门限值为

$$b = \frac{P_t}{2} + \ln\frac{\sigma_n^2}{P_t} \tag{3-62}$$

为了计算具有代表性，假设各种调制制式的平均功率 P_{avg} 相等，则 OOK 调制制式的单向峰值功率（0 至脉冲峰值的平均功率）为

$$P_0 - P_{OOK} = 2P_{avg} \tag{3-63}$$

由于噪声干扰的影响，各种数字调制系统最终表现在信号接收时的误码性能上，故系统的抗噪声干扰性能可用系统的平均误码率来表征，即用平均误码率 P_e 和信噪比 r 的曲线来表示系统的抗噪声性能，如图 3-42 所示。

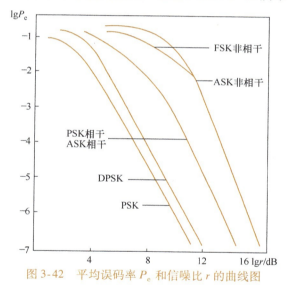

图 3-42　平均误码率 P_e 和信噪比 r 的曲线图

从曲线可见，在 $P_e < 10^{-4}$ 的范围内，PSK 的抗噪声性能最好，其次是 DPSK 系统；为了获得与 PSK 系统相同的误码率，DPSK 的信号功率需增加约 1dB。在 $P_e < 10^{-4}$ 的范围内，FSK 与 ASK 的相干解调系统性能相同，且 FSK 与 ASK 的非相干解调系统性能也相同。

六、几点说明

（一）关于反向调制

所谓反向调制是相对正常调制而言的。在将模拟信号调制为数字信号（即 0、1 信号）时，正常调制是当无信号或极小信号时，其调制后的数字信号为全零信号00000000，即无信号状况；而当模拟信号为系统规定的最大值时，其调

制后的数字信号为 111111111，即全 1 信号状况。而反向调制时是当无信号或极小信号时，其调制后的数字信号为 111111111，即全 1 信号状况；而当模拟信号为系统规定的最大值时，其调制后的数字信号为 00000000，即全零信号状况。与正常调制正好相反，故称为反向调制。而在信号传输和信号接收处理过程中，希望 1 信号越多越好，其理由是：

1）只有信号 1 较多时，接收端才便于判断是传输信息中无信号、极小信号，还是信息终断、传输电路部分发生故障。

2）因为一般信息终端传输信息的占用时隙比例很小，而且调制、传输的信息中，小信号的比例远大于大信号。如果采用正常调制，则接收端收到的 1 信号将很少，对接收端从信号中提取时钟信号和同步信号十分不利。故采用反向调制，使传输、接收端得到较多的 1 信号，使接收端和整个系统工作正常。而且在电路的实现上也比较简单，只需要将原信号经非门转换一次即可。在解调部分同样只需要将接收的数字信号经非门转换一次，即可进行数 – 模转换。

（二）关于调制最高频率的选取

通信信号的调制/解调最高频率和传输速率的设计，是由系统的功能、作用和实际需要决定的。在一定的传输距离条件下，调制/解调及传输频率越高，证明其设计水平越高，但是，考虑到商业化设计、制造、运行可靠性等方面因素，可按实际需要进行设计。

1）一般电话语音范围为 300 ~ 3400Hz，根据倍频调制可解调原理，按照脉冲编码调制的要求，进行调制取样的频率为不小于最高信号频率的 2 倍，并以每取样信号 8 位编码计算，所需调制主频率为 $f_{tz} = 3.4k \times 2 \times 8 = 54.4kHz$，一般取 $4.0k \times 2 \times 8 = 64kHz$。

2）而在高档的音乐传输中，因为人耳的听力范围是 20Hz ~20kHz，所以一些高端音频器件的带宽范围也要求在 20Hz ~20kHz。可见其调制最高频率要求为 $f_{max} = 20k \times 2 \times 8 = 320kHz$。

3）传输视频信号，特别是传输高清视频信号，是目前调制频率要求最高的领域。随着电视信号的不断升级，从标清电视信号（标准清晰度电视信号）到高清电视信号（高清晰度电视信号），从 2K 高清到 4K 高清，所以对于通信的调制频率，以后最高频率会一步步提高要求，目前要求如下：

电视视频的带宽：标清：6.5MHz

高清：（4G）$6.5 \times 4 = 26MHz$

调制/传输频率：标清：$6.5 \times 2 \times 8 = 104MHz$，取 128MHz

高清：$26 \times 2 \times 8 = 416MHz$，取 512MHz

可见，目前在调制信号频率为 500MHz 时，即可满足高清视频传输的要求。

（三）归零码和非归零码

（1）归零码（Return to Zero code，RZ）　这是一种二进制信息的编码，是用极性不同的脉冲分别表示二进制的 1 和 0，在脉冲结束之后要维持一段时间的零电平（一般取脉冲周期的 50%）。能够自同步，但信息密度低。

（2）非归零码（Nonreturn to Zero code，NRZ）　这是一种二进制信息的编码，用两种不同的电平分别表示 1 和 0，不使用零电平。信息密度高，但需要外同步，并有误码积累。

从图 3-43 可见归零码和非归零码的区别。

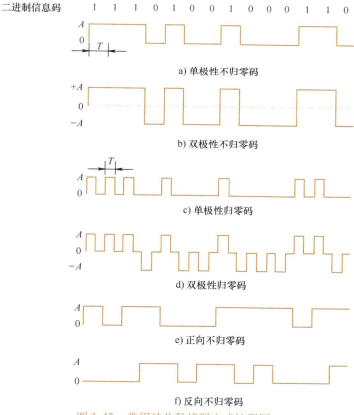

图 3-43　常用的几种编码方式波形图

（四）结论

从信息传输质量的主要品质之一，即调制/解调、传输所产生的误码率，即使接收信息失真的程度，是其系统主要考虑的因素。所以在对于系统结构的繁简、平均发射功率等因素没有严格要求时，由于可见光的频段很宽，且系统一般均为局域网，所以对频带宽度要求可暂时不予以考虑。综合以上分析，可见光通信的调制/解调部分所采用的方法可作以下情况选择：

1）在只需要语音信息交换时，可采用多路脉冲编码调制（PCM）；

2）在需要语音、图片和要求品质不高的视频信息交换时，可采用开关键控调制（OOK）；

3）在需要语音、图片和要求品质较高的视频信息交换时，可采用反向脉冲位置调制（RPPM）。

第五节　非线性数字调制之一——数字频移键控调制

一、非线性数字信号调制概述

（一）非线性数字信号调制的概念

（1）定义　非线性数字调制（nonlinear digital modulation）是指已调数字信号的频谱结构和基带信号的频谱结构不同，不是简单的频谱搬移，而是有新的频谱出现，如频移键控和相移键控。

（2）连续波数字调制　用载波信号的某些离散状态来表征所传送的信息。

模拟图像信号经数字化以后就形成 PCM 信号，也可称作数字基带信号。数字基带信号可以直接在短距离内进行传输，如要进行长距离传输，则必须对 PCM 信号进行数字调制（通常是采用连续波作为载波），然后再将调制后的信号送到信道上传输。这种数字调制称为连续波数字调制，其目标是在有限的信道条件下，尽量提高频谱资源的利用率，即在单位频段（Hz）内有效地传输更多的比特信息。

（3）概述　数字调制是现代通信的重要方法，它与模拟调制相比有许多优点。数字调制具有更好的抗干扰性能，更强的抗信道损耗，以及更好的安全性；数字传输系统中可以使用差错控制技术，支持复杂信号条件和处理技术，如信源编码、加密技术以及均衡等。在数字调制中，调制信号可以表示为符号或脉冲的时间序列，其中每个符号可以有 m 种有限状态，而每个符号又可采用 n 比特来表示。

（二）数字调制的分类

数字调制可以分为线性调制和非线性调制两大类。在线性调制技术中，传输信号的幅度随调制信号的变化而线性地变化。线性调制技术有较高的带宽效率，所以非常适用于在有限频带内要求容纳更多用户的无线通信系统。

常见的数字调制方法有幅移键控调制（为线性调制）、频移键控调制和相移键控调制（为非线性调制），而通过这三个键控调制又可以派生出或组合出多种调制方式。

幅移键控（ASK）调制用不同的幅度来表示二进制符号0和1。

频移键控（FSK）调制用不同的频率来表示不同的符号，如2kHz表示0，3kHz表示1。

相移键控（PSK）调制通过二进制符号0和1来判断信号前后相位，如1时用π相位，0时用0相位。

其余的数字调制均为幅移键控调制、频移键控调制和相移键控调制的组合或特例。

高斯频移键控（GFSK）调制在调制之前通过一个高斯低通滤波器来限制信号的频谱宽度。

高斯滤波最小频移键控（GMSK）调制是GSM系统采用的调制方式。数字调制解调技术是数字蜂窝移动通信系统中接口的重要组成部分。GMSK调制是在MSK调制器之前插入高斯低通预调制滤波器的一种调制方式。GMSK提高了数字移动通信的频谱利用率和通信质量。

正交幅度调制（QAM）是一种在两个正交载波上进行幅度调制的调制方式。这两个载波通常是相位差为90°的正弦波，因此被称作正交载波。

多电平正交幅度调制（MQAM）是在中、大容量数字微波通信系统中大量使用的一种载波控制方式。这种方式具有很高的频谱利用率，在调制进制数较高时，信号矢量集的分布也较合理，同时实现起来也较方便。目前在SDH数字微波、LMDS等大容量数字微波通信系统中广泛使用的64QAM、128QAM等均属于这种调制方式。

正交频分复用（OFDM）调制实际上是多载波调制（MCM）的一种。其主要调制思想是将信道分成若干正交子信道，将高速数据信号转换成并行的低速子数据流，调制到每个子信道上进行传输。正交信号可以通过在接收端采用相关技术来区分开，这样可以减少子信道之间的相互干扰ICI。每个子信道上的信号带宽小于信道的相关带宽，因此每个子信道上的可以看成平坦性衰落，从而可以消除符号间干扰。而且由于每个子信道的带宽仅仅是原信道带宽的一小部分，所以信道均衡变得相对容易。目前OFDM技术已经被广泛应用于广播式的音频和视频领域以及民用通信系统中，主要的应用包括非对称的数字用户环路（ADSL）、ETSI标准的数字音频广播（DAB）、数字视频广播（DVB）、高清晰度电视（HDTV）、无线局域网（WLAN）等。

差分相移键控（DPSK）调制常称为二相相对调相，记作2DPSK。它不是利用载波相位的绝对数值传送数字信息，而是用前后码元的相对载波相位值传送数字信息。所谓相对载波相位是指本码元初相与前一码元初相之差。

多相相移键控（MPSK）调制又称多进制数字相位调制，是二相制的推广。它是利用载波的多种不同相位状态来表征数字信息的调制方式。与二进制数字相位调制相同，多进制数字相位调制也有绝对相位调制（MPSK）和相对相位调制（MDPSK）两种。

在传统的数字传输系统中，发送端和接收端的纠错与调制电路是两个独立的部分，而纠错编码会带来频带利用率的下降。为了提高频带的利用率，同时也希望在不增加信道传输带宽的前提下降低差错率，可以把编码和调制相结合统一进行设计，这就是所谓的网格编码调制（Trellis Coded Modulation，TCM）。

总的来说，数字调制就是把数字基带信号变换为数字带通信号。

（三）非线性调制

非线性调制是调制技术的一种实现方式，对应于线性调制。非线性数字调制的已调数字信号的频谱结构和基带信号的频谱结构不同，不是简单的频谱搬移，而是有新的频谱出现。

非线性调制与线性调制本质的区别在于线性调制不改变信号的原始频谱结构，而非线性调制改变了信号的原始频谱结构。此外，非线性调制往往不只是在原来信息的频带范围内，而是占用较宽的带宽范围。

常见的非线性调制主要有调频（FM）、窄带调频（如民用对讲机）和宽带调频（FM 广播），均属于非线性调制范畴；频移键控（FSK）常用于自动控制、无线数传；MSK，GMSK 等。

如前所述，非线性调制通常占用较宽的带宽，而且其实际占用的带宽受调制系数影响，由此导出非线性调制有较高的抗干扰能力。另外，在接收端，可以通过限幅等手段滤除信道产生的干扰，使非线性调制能够获得更高的信噪比。

（四）数字调制中的主要技术指标

不同的调制方式其调制特性是不同的，因此在选择数字调制方式时，需要用一些技术指标来描述调制的特性，如功率效率、带宽效率、误码率等。

1. 功率效率

功率效率定义为在接收机输入特定误码概率的条件下，每比特信号能量与噪声功率谱的密度之比，其功率效率表示如下：

$$\eta_p = \frac{E_b}{N_0} \tag{3-64}$$

式中，E_b 为每比特信号的能量；N_0 为噪声功能率谱密度。

功率效率描述了在低功率的情况下，一种调制技术保持数字信息信号正确传送的能力。

2. 带宽效率

带宽效率定义为在给定带宽内，每赫兹数据率吞吐量的值。设 R 是每秒数据率（bit/s），单位是比特，B 是已调信号占用的带宽（单位为 Hz），则带宽效率可表示如下：

$$\eta_B = \frac{R}{B} \tag{3-65}$$

带宽效率描述了调制方案在有限的带宽内传输数据的能力。一般来说，数据传输速率的提高，意味着降低了每个数字信号的脉冲宽度。

在噪声干扰条件下，带宽效率是有限制的。根据香农定理，在一个任意小的错误概率下，最大的带宽效率受限于信道内的噪声，最大带宽效率如下：

$$\eta_{B\,max} = \frac{C}{B} = \log_2\left(1 + \frac{S}{N}\right) \tag{3-66}$$

式中，C 为信道容量；B 为已调信号占用的带宽；$\dfrac{S}{N}$ 是信噪比。信噪比通常用 $10\lg(S/N)$ 来描述，其单位为 dB（分贝）。

3. 误码率

由于数据信号在传输过程中，不可避免地会受到外界噪声以及信道本身的传输性能影响，故在接收方会造成一定程度的差错。衡量数据传输质量的指标是误码率。误码率 P_e 是指接收方收到的错误码元个数 N_e 与发送的总码元个数 N 之比

$$P_e = \frac{N_e}{N} \tag{3-67}$$

此外，衡量可靠性的指标还有误字率（错误的字符数与发送的总字符数之比）、误组率（错误的字符组数与发送的总字符组数之比）等，其定义方法与误码率相似。

有时将误码率、误字率和误组率称为差错率。差错率是一个统计平均值，因此在测量或统计时，总的比特（字符、码组）数应达到一定的数量级，否则结果将失去意义。

（五）选择数字调制方案时考虑的因素

在数字通信系统设计中，因带宽效率、功率效率、误码率等指标之间是矛盾的，若要提高某项指标，则势必会影响或牺牲另外的技术指标。所以在选择调制方案时，经常在带宽效率、功率效率、误码率等指标之间进行比较，以选择关键为主，适当考虑其他一般因素，从而采取折衷选择的办法，决定各个指标的高低。

1）例如对信息信号增加差错控制，降低了带宽效率，但是保证了通信的可靠性，它是以带宽效率换取了通信的可靠性。

2）在多进制的调制方案中，降低了占用带宽，但增加了所必需的接收功率，它是以功率效率换取了带宽效率。

3）除功率效率、带宽效率和误码率以外，还有一些因素也会影响数字调制技术的选择，如对于服务于大用户群的个人通信系统，用户端接收机的费用和复杂度必须降低到最小，因此，经常采用检波简单的调制方式。

4）在无线通信中，在各种不同信道损耗的情况下，如雷利散射（Rayleigh）和莱斯信道（Rician）衰落及多径时间扩散，对于解调器实现、调制方案的性能是选择一个调制方案的关键因素。

5）在主要问题为干扰的蜂窝系统中，调制方案主要考虑干扰环境中的性能。

6）时变信道造成的延时抖动检测灵敏度也是选择调制方案时要考虑的重要因素。

通常，调制、干扰、信道时变效果和解调器详细的性能，必须通过仿真方法来对整个系统进行分析，从而决定相关的性能和最终的选择。

二、数字频移键控调制

（一）频移键控调制的概念

（1）定义　频移键控（Frequency–Shift Keying，FSK）调制是以数字信号控制载波频率变化的调制方式。

根据已调波的相位连续与否，频移键控分为相位不连续的频移键控和相位连续的频移键控。

频移键控是信息传输中使用得较早的一种调制方式，它的主要优点是实现起来较容易，抗噪声与抗衰减的性能较好。在中低速数据传输中得到了广泛的应用。

频移键控的输出波形如图 3-44 所示。

对传统的模拟频率调制（FM）稍加变化，即在调制器输入端加一个数字控制信号，便得到由两个不同频率的正弦波构成的调制波，解调该信号很简单，只需让它通过两个滤波器后就可将合成波变回逻辑电平信号。

（2）简介　频移键控调制是信息传输中使用得较早的一种调制方式，最常见的是用两个频率承载二进制 1 和 0 的双频 FSK 系统。技术上的 FSK 有两个分类，即非相干调制（或解调）和相干调制（或解调）的 FSK。在非相干的 FSK，瞬时频率之间的转移是两个分立的价值观，分别命名为马克和空间频率。在另一方面，相干 FSK 和二进制的 FSK 是没有间断期的输出信号的。

在数字化时代，电脑通信在数据线路（电话线、网络电缆、光纤或者无线媒介）上进行传输，就是用 FSK 调制信号进行的，即把二进制数据转换成 FSK 信号传输，反过来又将接收到的 FSK 信号解调成二进制数据，并将其转换为用高、低电平所表示的二进制语言，即计算机能够直接识别的机器语言。

FSK 的标准在全球各个国家和地区通用。均以欧洲电信标准协会（ETSI）的 FSK、贝尔通信研究中心（bellcore）的 FSK、英国电信（BT）的 FSK 和有线通信协会（wire link ISOC）的共同国家评估的 FSK 标准为准。该 bellcore 标准在美国、澳大利亚、中国和新加坡等国家或地区采用。BT 的 FSK 信号或英国电信 FSK 是原来的标准，是由英国电信公司制定的标准，类似复合数据消息格式（mdmf）。英国电信本身使用这个标准，一些无线网络和有线电视公司也都予以使用。有线通信协会的标准，其传输层与 bellcore 相似，而数据格式却很像英国电信的标准，正因为如此，欧洲或北美的设备更容易侦测到它。FSK 至少使用了一个世纪，且一直成功地保持至今，已适应现代的通信时代，现在还向数字网域渗透，并通过计算机为需要传输的数据在电缆或电线上提供服务。

（二）FSK 信号的数学表达式

FSK 信号的数学表达式如下：

$$S_{FSK}(t) = \begin{cases} S_1(t) = A\cos(\omega_1 t + \theta_1) \\ S_2(t) = A\cos(\omega_2 t + \theta_2) \end{cases} \tag{3-68}$$

这样可以分别具有不同的角频率，可以表示两个不同的数据状态，而相位和则是（$-\pi$，π）内均匀分布的随机变量。

（三）FSK 调制的波形图

FSK 信号的形成波形如图 3-44 所示。

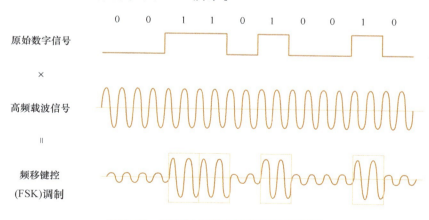

图 3-44　调制波的数字调制波形示意图

（四）相位不连续的频移键控

（1）相位不连续的频移键控的产生原理　相位不连续的 FSK 是由单极性不归零码对两个独立的载频振荡器进行键控，产生相位不连续的 FSK 信号，其原理如图 3-45 所示。

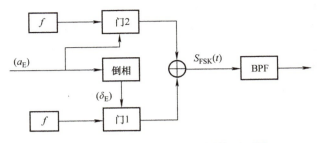

图 3-45　相位不连续的频移键控原理图

（2）相位不连续的 FSK 信号的解调　相位不连续的 FSK 信号的接收可以采用两种不同的方法，即相干解调和包络检测的方法。相干解调需要同步的本地相干载波和 FSK 信号的相干解调原理如图 3-46 所示。包络检测的原理如图 3-47 所示，它与相干解调的区别是用线性包络检波器和起平滑波形作用的低通滤波器来代替相干解调时用的乘法器和用以滤去高频分量的低通滤波器。抽样判决采用比较判决方式，不需要设置判决门限电平。

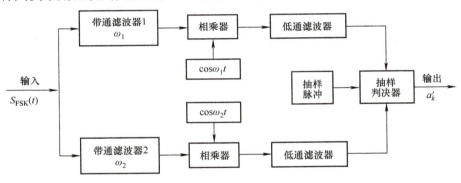

图 3-46　FSK 信号的相干解调原理图

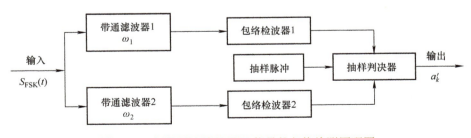

图 3-47　相位不连续的 FSK 信号的包络检测原理图

（3）频带宽度　相位不连续的 FSK 信号所需要的频带宽度约为 ASK 信号的 3 倍，因此，在使用频移键控时常常使用相位连续的频移键控。

（五）　相位连续的频移键控

相位连续的频移键控信号的调制原理为相位连续的 FSK 信号是利用基带信号对一个压控振荡器（VCO）进行频率调制，在二元码 $\{a_k\}$ 时，可以产生相位连续的频移键控信号。这种调制方式在码元转换时，相位变化是连续的，并且保持恒定的包络，因此称为相位连续的频移键控，其信号瞬时频率与瞬时相位变化如图 3-48 所示。

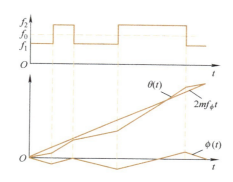

图 3-48　信号瞬时频率与瞬时相位变化图

三、多进制频移键控调制

在上述基本的调制方法之外，随着大容量和远距离数字通信技术的发展，出现了一些新的问题，主要是信道的带宽限制和非线性对传输信号的影响。在这种情况下，传统的数字调制方式已不能满足应用的需求，需要采用新的数字调制方式以减小信道对所传信号的影响，以便在有限的带宽资源条件下，获得更高的传输速率。这些技术的研究主要是围绕充分节省频谱和高效率的利用频带展开的。而采用多进制数字调制的目的就是降低码元速率，提高频带利用率，但其所付出的"代价"是需要更大的发射功率，以保证同样的误码率。

从传统数字调制技术扩展的技术有多进制频移键控（MFSK）调制及最小频移键控（MSK）、高斯滤波最小频移键控（GMSK）、正交频分复用调制（OFDM）、双音多频（DTMF）调制等。

（一）　多进制频移键控调制概念

多进制频移键控（Multi – Bandfrequency Shift Keying，MFSK）调制是提高频谱利用率的有效方法，恒包络技术能适应信道的非线性，并且可以保持较小的频谱占用率。

（二）　多进制频移键控调制的误码率分析

各种键控形式的误码率均决定于调制的信噪比

$$r = a^2/2\sigma_n^2 \qquad (3\text{-}69)$$

将其改写为码元能量和噪声单边功率谱密度之比

$$r = E/n_0 \qquad (3\text{-}70)$$

设多进制码元的进制数为 M，码元能量为 E，一个码元中包含信息 k 比特，则有

$$k = \log_2 M \qquad (3\text{-}71)$$

若码元能量 E 平均分配给每个比特，则每个比特的能量 $E_b = E/k$，故有

$$\frac{E_b}{n_0} = \frac{E}{kn_0} = \frac{r}{k} = r_b \qquad (3\text{-}72)$$

在研究不同的 M 值下的错误率时，用单个比特信息的误码率 r_b 为单位来比较不同体制的性能优劣。

（三）多进制频移键控调制的特性

1）带宽要求较宽，约为 $f_M = f_1 + 2f_s$。

2）适用于低速数据。

3）抗噪声性能随着进制数 M 的增大而减弱，随着调制的信噪比 r 的增大而加强。多进制频移键控调制波形示意图如图 3-49 所示。

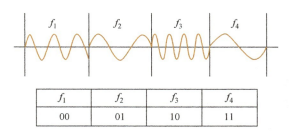

f_1	f_2	f_3	f_4
00	01	10	11

图 3-49　多进制频移键控调制波形示意图

四、最小频移键控调制

（一）最小频移键控调制的概念

最小频移键控（Minimum – Shift Keying，MSK）是数字通信中一种连续相位的频移键控调制方式。类似于偏移四相相移键控（OQPSK），MSK 同样将正交路基带信号相对于同相路基带信号延时符号间隔的一半，从而消除了已调信号中 180°相位突变的现象。与 OQPSK 不同的是，MSK 采用正弦型脉冲代替了 OQPSK 基带信号的矩形波形，因此得到恒定包络的调制信号，这有助于减少非线性失真带来的解调问题。

（二）最小频移键控调制原理

MSK 是为了减少非线性失真带来的解调问题，为 FSK 的一种改进型。

在 FSK 方式中，相邻码元的频率不变或者跳变为一个固定值。在两个相邻的频率跳变的码元之间，其相位通常是不连续的。MSK 是对 FSK 信号做某种改进，使其相位始终保持连续不变的一种调制。最小频移键控又称快速频移键控（FFSK）。这里"最小"指的是能以最小的调制指数（即 0.5）获得正交信号，"快速"指的是对于给定的频带，它能比 PSK 传送更高的比特速率。

MSK 是调制指数 $h = \Delta f$（Δf 为频差）；比特宽度为 $T_b = 0.5$ 的二进制频移键控，是连续相位频移键控（CP – FSK）的特殊情况。$h = 0.5$ 是频移键控中两个信号满足正交条件的最小调制指数，故名最小频移键控。因为在相等带宽和信噪比的条件下，它能以比常规的频移键控（FSK）和二相相移键控（BPSK）更快的速率传输信息。其优点为包络特性恒定，占据的射频带宽较窄，相干检测时的误码率性能比普通频移键控好 3dB 以上。

MSK 是 2FSK 的一种特殊情况，它具有正交信号的最小频差，在相邻符号交界处相位保持连续。与其他形式的 2FSK 相比，MSK 具有一系列优点，诸如，传输带宽较小，它是恒包络信号，功率谱性能好，具有较强的抗噪声干扰能力，特别是 MSK 的几种改进型技术，因为抗衰落性能好的优势，大量用于移动无线通信系统中。

（三）最小频移键控调制的特征

1）MSK 信号为恒包络已调波，不但功率谱特性好，更适用于非线性信道传输，如短波衰落信道，无线移动通信等多采用 MSK。

2）每比特码元间隔包含整数倍的 1/4 载波周期（这里载波可指频率、相位的载波）。

3）与两载波均偏离信道载频，为最小的偏移指数。

以信道载波相位为基准，在传输码元 1 或 0 的转换时刻，相位线性地增加或减少 $\pi/2$，MSK 的已调波相位变化为 0、$\pm\pi/2$，与 QPSK 的 0、$\pm\pi/2$ 及 π 的变化比较，性能较优。

（四）注意事宜

当信道中存在非线性问题和带宽限制时，幅度变化的数字信号通过信道使已滤除的带外频率分量恢复，发生频谱扩展现象，同时还要满足频率资源限制的要求。因此，对已调信号有两点要求：一是要求包络恒定；二是具有最小功率谱占用率。现代数字调制技术的发展方向是最小功率谱占有率的恒包络数字调制技术。现代数字调制技术的关键在于相位变化的连续性，从而减少频率占用。新发展起来的技术主要分为两大类：一是连续相位调制技术（CPFSK），在码元转换期间无相位突变，如 MSK，GMSK 等；二是相关相移键控技术

MSK（COR‐PSK），利用部分响应技术，对传输数据先进行相位编码，再进行调相（或调频）。MSK 是 FSK 的一种改进形式。在 FSK 方式中，每一个码元的频率不变或者跳变一个固定值，而两个相邻的频率跳变码元信号，其相位通常是不连续的。所谓 MSK 方式，就是 FSK 信号的相位始终保持连续变化的一种特殊方式，可以看成是调制指数为 0.5 的一种 CPFSK 信号。

（五）实现最小频移键控调制的过程

先将输入的基带信号进行差分编码，然后将其分成 I、Q 两路，并互相交错一个码元宽度，再用加权函数 $\cos(\pi t/2T_b)$ 和 $\sin(\pi t/2T_b)$ 分别对 I、Q 两路数据加权，最后将两路数据分别用正交载波调制。MSK 使用相干载波最佳接收机解调。

根据前面的讨论，MSK 信号可以表示为

$$S(t) = \cos\left[\omega_c t + \frac{\pi a_k}{2T_b} + \varphi_k\right] \qquad (3\text{-}73)$$

令 $a_k = \pm 1$，$\varphi_k = 0$ 或 π（模 2π），将式（3-72）展开可得

$$S(t) = \cos\varphi_k\cos\left(\frac{\pi t}{2T_b}\right)\cos\omega_c t - a_k\cos\varphi_k\sin\left(\frac{\pi t}{2T_b}\right)\sin\omega_c t \qquad (3\text{-}74)$$

$$= I_k\cos\left(\frac{\pi t}{2T_b}\right)\cos\omega_c t + Q_k\sin\left(\frac{\pi t}{2T_b}\right)\sin\omega_c t$$

式中，$I_k = \cos\varphi_k$，$Q_k = -a_k\cos\varphi_k$。

I_k 为同相分量，Q_k 为正交分量，它们都与输入数据有关，也可称为等效数据。

由式（3-73）可以看出，信号是由两个正交的 AM 信号合成的，两个分量与原始数据之间的对应关系如下：

1）只有当 k 为奇数，且 a_k 与 a_{k-1} 极性不同时，I_k 与 I_{k-1} 极性才会不同；

2）只有当 k 为偶数时，且 a_k 与 a_{k-1} 极性不同时，Q_k 与 Q_{k-1} 极性才会不同。

即 I_k 与 Q_k 必须经过两个 T_b 才能改变极性，即等效数据 I_k 与 Q_k 的速率为原始数据 a_k 速率的 1/2。

由此可知，只要先将原始数据 a_k 变换成 I_k 与 Q_k，分别经过加权处理后进行正交调制，合成后的信号即为 MSK 信号。具体过程如下：

1）对 a_k 进行差分编码得到 c_k。

2）对 c_k 进行串并变换，并延迟 T_b 后得到 I_k 与 Q_k。

3）分别用 $\sin(\pi t/2T_b) = \sin 2\pi f dt$ 和 $\cos(\pi t/2T_b) = \cos 2\pi f_d t$ 进行加权。

4）正交调幅。

5）合成。

图 3-50 中，输入二进制数据系列 a_k 经差分编码和串/并变换后，I 支路信号经 $\cos[\pi t/2T_S]$ 加权调制和同相载波 $\cos\omega_c t$ 相乘，输出同相分量 $x_I(t)$；Q 支路信号经 $\sin[\pi t/2T_S]$ 加权调制和同相载波 $\sin\omega_c t$ 相乘，输出同相分量 $x_Q(t)$。$x_I(t)$ 和 $x_Q(t)$ 相减就可以得到已调 MSK 信号。由此，MSK 调制器的框图如图 3-50 所示。

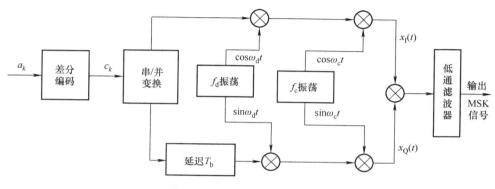

图 3-50　MSK 调制的原理框图

（六）最小频移键控调制的数学表达式

由 MSK 信号的一般表达式可以得到

$$S_{\text{MSK}}(t) = \cos\lfloor \omega_c(t) + \theta_k(t)\rfloor = \cos\theta_k(t)\cos\omega_c(t) - \sin\theta_k(t)\sin\omega_c(t) \tag{3-75}$$

因为 $\theta_k(t) = \dfrac{\pi a_k}{2T_S} + \phi_k$ 代入上式可得

$$S_{\text{MSK}}(t) = \cos\phi_k\cos\left[\frac{\pi t}{2T_S}\right]\cos\omega_c t - a_k - a_k\cos\phi_k\sin\left[\frac{\pi t}{2T_S}\right]\sin\omega_c t \tag{3-76}$$

$$= I_k(t)\cos\left[\frac{\pi t}{2T_S}\right]\cos\omega_c t + Q_k(t)\sin\left[\frac{\pi t}{2T_S}\right]\sin\omega_c t$$

式（3-75）即为 MSK 信号的正交表示形式，其共同项为 a_k

I 支路为

$$x_I(t) = a_k\cos\phi_k\cos\left[\frac{\pi t}{2T_S}\right]\cos\omega_c t \tag{3-77}$$

Q 支路为（I 支路的正交分量）

$$x_Q(t) = a_k\cos\phi_k\sin\left[\frac{\pi t}{2T_S}\right]\sin\omega_c t \tag{3-78}$$

式中，$\cos\left(\dfrac{\pi t}{2T_S}\right)$ 和 $\sin\left(\dfrac{\pi t}{2T_S}\right)$ 称为加权函数。

（七） 最小频移键控调制的示例波形图

MSK 调制各部位的波形如图 3-51 所示。调制数字码为 1101011000 十个占空比为 100% 的数字码。

当奇数位码与偶数位码为同相位时，输出 MSK 码为高频载波的频谱信号；当奇数位码与偶数位码为反相位时，输出 MSK 码为低频载波的频谱信号。然后在相加电路 Σ 中合成为输出信号。

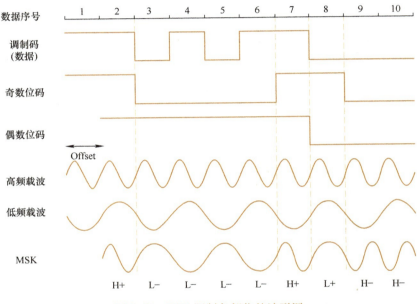

图 3-51   MSK 调制各部位的波形图

（八） 最小频移键控调制信号的功率谱及功率谱密度

根据 FSK 调制系数的定义，MSK 信号的功率谱为

$$P(f)_{MSK} = \frac{16}{\pi^2}\left[\frac{\cos 2\pi(f+f_c)T}{1.16f^2T^2}\right]^2 + \frac{16}{\pi^2}\left[\frac{\cos 2\pi(f-f_c)T}{1.16f^2T^2}\right]^2 -$$

$$\frac{16A^2T_b}{\pi^2}\left\{\frac{\cos[2\pi(f-f_c)T_b]}{1-[4(f-f_c)T_b]^2}\right\}^2 \tag{3-79}$$

MSK 调制信号的功率谱密度如图 3-52 所示。图中给出了 MSK 信号的功率谱密度曲线，以及 QPSK 和 OQPSK 的功率谱密度曲线。从图 3-52 中可以看出，MSK 信号的旁瓣比 QPSK 和 OQPSK 信号低，MSK 信号的 90% 的功率位于带宽 $B = 1.2/T$ 之中，QPSK 和 OQPSK 信号包含了 99% 功率的带宽 $B = 8/T$。

MSK 信号虽然具有频谱特性和误码性能比较好的优点，但是从图 3-52 中也可以看出，MSK 的频谱利用率比相移键控技术要低。其次是其带外衰减仍

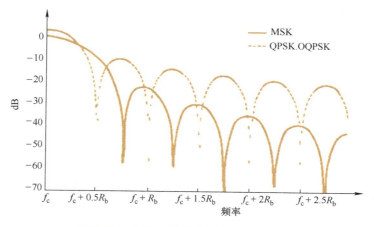

图 3-52　MSK 调制信号的功率谱密度图

不够快，以至于在 **25kHz** 信道间隔内传输 **16kbit/s** 数字信号时，不可避免地会产生邻道干扰。

（九）MSK 信号的解调

　　MSK 信号的解调原理是接收到的信号分别与同相和正交载波分量相乘。乘法器的输出经两比特周期积分后，每当上两比特结束时，送入判别器。根据积分器输出电平的大小，阈值检测器决定信号是 0 或 1。输出数据流对应 $m_I(t)$ 和 $m_Q(t)$，并可以将它们组合得到调解信号。MSK 接收机如图 3-53 所示。

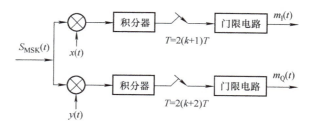

图 3-53　MSK 接收部分原理框图

五、高斯频移键控调制

（一）高斯频移键控调制的概念

　　（1）定义　高斯频移键控（Gauss Frequency Shift Keying，GFSK）是在数字信号调制之前的比特流，先经过高斯滤波器进行频率调制的频移键控调制。

　　（2）作用　这能在频谱效率（bit/Hz）和信噪比（SNR）之间提供良好的

折衷，以此提高信息传输质量和抗干扰度。

（3）关键步骤　通过一个高斯低通滤波器来限制信号的频谱宽度。

（二）调制原理

高斯频移键控调制是将输入数据经高斯低通滤波器预调制滤波后，再进行 FSK 调制的数字调制方式。它在保持恒定幅度的同时，能够通过改变高斯低通滤波器的 3dB 带宽，对已调信号的频谱进行控制，具有恒幅包络、功率谱集中、频谱较窄等无线通信系统所希望的特性。因此，GFSK 调制/解调技术被广泛地应用在移动通信、航空与航海通信等诸多领域中。

（三）实现方式

GFSK 调制可以分为直接调制和正交调制两种方式。

1. 直接调制

直接调制是将数字信号经过高斯低通滤波后，直接对射频载波进行模拟调频。当调频器的调制指数等于 0.5 时，它就是熟知的高斯最小频移键控（GM-SK）调制，因此 GMSK 调制可以看成是 GFSK 调制的一个特例。而在有的文献中，称具有不同 BT 积和调制指数的 GFSK 调制方式为 GMSK/FM，这实际上是注意到了当调制指数不等于 0.5 时，该方式不被称为 GMSK。

直接调制法虽然简单，但是，由于通常情况下调制信号都是加在相位同步逻辑器（VCO）上，其固有的环路高通特性将导致调制信号的低频分量受到损失。因此，为了得到较为理想的 GFSK 调制特性，提出了一种称为两点调制的直接调频技术。在这种技术中，调制信号被分成两部分，一部分按常规的调频法加在 PLL 的 VCO 端；另一部分则加在 PLL 的主分频器一端。由于主分频器不在控制反馈环内，所以它能够被信号的低频分量所调制。这样，所产生的复合 GFSK 信号具有可以扩展到直流的频谱特性，且调制灵敏度基本上为一个常量，不受环路带宽的影响。但是，两点调制增加了 GFSK 调制指数控制的难度。

2. 正交调制

正交调制则是一种间接调制的方法。该方法将数字信号进行高斯低通滤波并做适当的相位积分运算后，分成同相和正交两部分，分别对载波的同相和正交分量相乘，再合成 GFSK 信号。相对而言，这种方法物理概念清晰，也避免了直接调制时对信号频谱特性的损害；另一方面，GFSK 参数控制可以在一个带有标定因子的高斯滤波器中实现，而不受后续调频电路的影响，因而参数的控制要简单一些。正因为如此，GFSK 正交调制解调器的基带信号处理特别适合用数字方法实现。

六、高斯滤波最小频移键控

（一）高斯滤波最小频移键控的概念

（1）定义　高斯滤波最小频移键控（Gaussian Filtering Minimum Frequency Shift Keying，GMSK）调制是基带信号为矩形波形，调制指数为 0.5 的二进制调频。为了压缩 GMSK 信号的功率谱，在 GMSK 调制前加入预调制滤波器，对矩形波形进行滤波，得到一种新型的基带波形，使其本身和尽可能高阶的导数都连续，从而得到较好的频谱特性。

（2）概念　高斯滤波最小频移键控是由 MSK 演变来的一种简单的二进制调制方法。其基本思想是在 GMSK 中将调制的不归零的原始数据（NRZ）通过预调滤波器进行过滤，再对经过预调制的信号进行 MSK 调制，使 MSK 频谱上的旁瓣功率进一步下降的调制方法。

（二）关于高斯滤波

高斯滤波（Gauss Filter）是一种线性平滑滤波，适用于消除高斯噪声，实质上是一种信号的滤波器，其用途为对信号进行平滑处理。

特别是在数字图像传输中，传输至信道后期，其噪声是最大的问题，因为传输中的误差会累积，使接收端的数字信号的信噪比较低。所以，高斯滤波广泛应用于图像处理的减噪过程。通常，图像处理会在数字信号输入的时候加上高斯滤波器，对整幅图像进行加权平均，每一个像素点的值都由其本身和邻域内的其他像素值经过加权平均后得到。高斯滤波的具体操作是采用一个模板（或称卷积、掩模）扫描图像中的每一个像素，用模板确定的邻域内像素的加权平均灰度值去替代模板中心像素点的值，用于得到信噪比 SNR 较高的图像。高斯平滑滤波器对于抑制服从正态分布的噪声非常有效。为了有效抑制 GMSK 信号的带外功率辐射，预调制滤波器应具有以下特性：带宽窄并且具有陡峭的截止特性；脉冲响应的过冲较小；滤波器输出脉冲响应曲线的面积对应于 $\pi/2$ 的相移。所采取的方式为通过离散化窗口滑窗卷积、傅里叶变换。

（三）预调滤波器

预调滤波器是将全响应信号（即每个基带符号占据一个比特周期 T 的信号）转换成部分响应信号，使每个发送符号占据几个比特的周期。

高斯滤波最小频移键控的预制滤波器的冲激响应为

$$H(t) = \frac{\sqrt{\pi}}{\alpha}\exp\left(-\frac{\pi^2 t^2}{\alpha^2}\right) \qquad (3-80)$$

式中，α 是一个常数，选择不同的 α，滤波器的特性随之变化。

传输函数为

$$H(f) = \exp(-\alpha^2 f^2) \qquad (3-81)$$

111

参数与 $H(f)$ 的 3dB 带宽有关，即

$$\alpha = \frac{\sqrt{\ln 2}}{\sqrt{2}B} = \frac{0.5887}{B} \qquad (3-82)$$

GMSK 滤波器可以由 B 和基带符号持续时间 T 完全决定，通常用 B 和 T 的乘积来定义 GMSK。图 3-54 显示了 GMSK 信号不同的 BT 值的射频功率谱。

从图 3-54 中可见，当 BT 增大时，滤波器的传输函数随之变窄，且拖尾衰减极快，但当 BT 减小时会增加误码率，这是由低通滤波器引发的码间干扰所导致的。只要 GMSK 产生的误码率小于移动无线信道的要求，GMSK 则仍然适合使用。

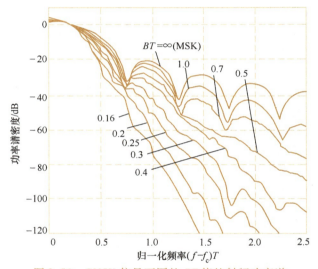

图 3-54　GMSK 信号不同的 BT 值的射频功率谱

（四）高斯滤波最小频移键控信号的产生和解调

GMSK 信号的产生方法有多种。

1）用最小频移键控（MSK）调制相同的正交调制方式来产生，只要在调制前先对原始数据用高斯型低通滤波器进行滤波即可，如图 3-55 所示。

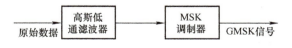

图 3-55　GMSK 信号调制原理方框图

2）在原始数据经高斯滤波后，直接对压控振荡器进行调频也能生成 GM-SK 信号。虽然这种方法比较简单，但是它要求压控振荡器具有很高的频率稳定性和频偏准确性。

GMSK 的解调方法：可以采用正交相干检测器和简单的非相干检测器（如标准的 FM 检测器）对 GMSK 信号进行解调。图 3-56 所示为二比特延迟差分检测器的原理框图。

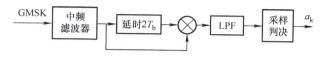

图 3-56　二比特延迟差分 GMSK 信号检测器解调原理框图

除了采用二比特差分延迟检测的方法外，还可以采用一比特延迟差分检测方法进行解调。但是，二比特延迟差分的误码性能要优于一比特差分延迟检测的误码性能。

（五）高斯滤波最小频移键控的应用

来电显示的信息传输方式有两种，即 FSK 和 DTMF。FSK 方式与 DTMF 方式相比有以下优点：

（1）采用 FSK 信息传输方式　此种数据传输速率高，在规定时间内能传的字符数多，且 FSK 方式支持 ASCII 字符集。

根据 Bell202 的建议，来电显示的数据传送采用连续相位的二进制频移键控，比特率是 1200bit/s，而 1 对应的频率是 1200Hz，0 对应的频率是 2200Hz。目前采用 FSK 方式的国家和地区有美国、中国、日本、英国、加拿大、比利时、西班牙、新加坡等；采用 DTMF 的则主要是以瑞典为代表的一些欧洲国家等。

（2）DTMF 信息传输方式　DTMF 信息传输方式只支持数字及少数字符。

FSK 是信息传输中使用得较早的一种调制方式，它的主要优点是实现起来较容易，抗噪声与抗衰减的性能较好。在中低速数据传输中得到了广泛的应用。所谓 FSK 就是用数字信号去调制载波的频率。如果是采用二进制调制信号，则称为 2FSK；采用多进制调制信号，则称为 MFSK。

滤波器就是建立的一个数学模型，通过这个模型来将图像数据进行能量转化，噪声就属于高频率部分，高斯滤波器平滑处理后能够降低噪声的影响。

若使用理想滤波器，则会在图像中产生振铃现象。采用高斯滤波器则系统函数是平滑的，避免了振铃现象。

GMSK 使用高斯滤波器的连续相位频移键控，它具有比等效的未经滤波的连续相位频移键控信号更窄的频谱。在 GSM 系统中，为了满足移动通信对邻信道干扰的严格要求，采用 GMSK 的调制速率为 270833kbit/s，每个时分多址 TDMA 帧占用一个时隙来发送脉冲簇，其脉冲簇的速率为 33.86kbit/s。它使调制后的频谱主瓣窄、旁瓣衰落快，从而满足 GSM 系统要求，节省频率资源。

七、正交频分复用调制

（一）正交频分复用调制概述

正交频分复用（Orthogonal Frequency Division Multiplexing，OFDM）技术，实际上是多载波调制（Multi – CarrierModulation，MCM）的一种。

其主要原理是将信道分成若干正交子信道，将高速数据信号转换成并行的低速子数据流，调制到每个子信道上进行传输。正交信号可以通过在接收端采用相关技术来分开，这样可以减少子信道之间的相互干扰。每个子信道上的信号带宽小于信道的相关带宽，因此每个子信道上的信号可以看成平坦性衰减，OFDM 中的各个载波是相互正交的，每个载波在一个符号时间内有整数个载波周期，每个载波的频谱零点和相邻载波的零点重叠，这样便减小了载波间的干扰。而且由于每个子信道的带宽仅仅是原信道带宽的一小部分，所以信道均衡变得相对容易。由于载波间有部分重叠，所以它与传统的 FDMA 相提高了频带利用率。在3G/4G 的应用过程中，OFDM 是关键的技术之一，可以结合分集、时空编码、抑制干扰和信道间干扰以及智能天线等技术的应用，最大限度地提高系统性能。目前 OFDM 技术已经被广泛应用于广播式的音频和视频领域以及民用通信系统中，主要的应用包括非对称的数字用户环路（ADSL）、ETSI 标准的数字音频广播（DAB）、数字视频广播（DVB）、高清晰度电视（HDTV）、无线局域网（WLAN）等。

（二）正交频分复用调制类型

正交频分复用技术包括向量化正交频分复用（V – OFDM）系统、宽带正交频分复用（W – OFDM）调制、正交频分复用（OFDM）调制、多变量控制正交频分复用（MIMO – OFDM）调制系统、多带正交频分复用（Multi – stripe – OFDM）调制等。

（三）OFDM 系统构成

如图 3-57 所示，在 OFDM 传播过程中，高速信息数据流通过串并变换，分配到速率相对较低的若干子信道中传输，每个子信道中的符号周期相对增加，这样可减少因无线信道多径时延扩展所产生的时间弥散性对系统造成的码间干扰。另外，由于引入保护间隔，因此在保护间隔大于最大多径时延扩展的情况下，可以最大限度地消除多径带来的符号间干扰。如果用循环前缀作为保护间隔，还可避免多径带来的信道间干扰。

（四）OFDM 的基带传输系统

OFDM 的基带传输系统如图 3-58 所示。

在过去的频分复用（FDM）系统中，整个带宽分成 N 个子频带，子频带之间不重叠，为了避免子频带间相互干扰，频带间通常加入保护带宽，但这会使频

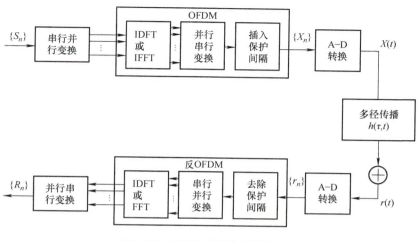

图 3-57 OFDM 系统构成结构框图

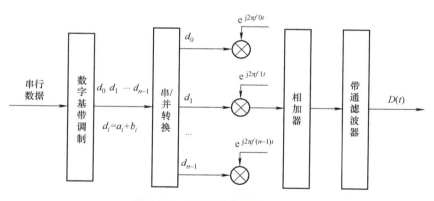

图 3-58 OFDM 基带传输原理图

谱利用率下降。为了克服这个缺点，OFDM 采用 N 个重叠的子频带，子频带间正交，因而在接收端无需分离频谱就可将信号接收下来。OFDM 系统的一个主要优点是正交的子载波可以利用快速傅里叶变换（FFT/IFFT）实现调制和解调。对于 N 点的 IFFT 运算，需要实施 N_2 次复数乘法，而采用常见的基于 2 的 IFFT 算法，其复数乘法仅为 $(N/2)\log_2 N$，可显著降低运算复杂度。

在 OFDM 系统的发射端加入保护间隔，主要是为了消除多径所造成的 ISI（子载波之间的正交性遭到破坏而产生不同子载波之间的干扰）。其方法是在 OFDM 符号保护间隔内填入循环前缀，以保证在 FFT 周期内 OFDM 符号的时延副本内包含的波形周期个数也是整数。这样，时延小于保护间隔的信号就不会在解调过程中产生 ISI。

正交频分复用（OFDM）是一种调制方式，它可以很容易地与传统的多址技术结合实现多用户接入服务，如 OFDM – TDMA（时分多址）、OFDMA 和多载波 CDMA 等。

（五）OFDM 信号的主要技术参数

1. 峰值平均功率

由于 OFDM 信号在时域上为 N 个正交子载波信号的叠加，所以当这 N 个信号恰好都以峰值出现并将相加时，OFDM 信号也产生最大峰值，该峰值功率是平均功率的 N 倍。这样，为了不失真地传输这些高峰均值比的 OFDM 信号，对发送端和接收端的功率放大器和 A – D 变换器的线性度要求较高，且发送效率较低。解决方法一般采取以下三种途径：

1）信号失真技术采用峰值修剪技术和峰值窗口去除技术，使峰值振幅值简单地非线性去除。

2）采用编码方法将峰值功率控制和信道编码结合起来，选用合适的编码和解码方法，以避免出现较大的峰值信号。

3）采用扰码技术对所产生 OFDM 信号的相位重新设置，使互相关性为零，这样可以减少 OFDM 的 PAPR。这里所采用的典型方法为 PTS 和 SLM。

2. 同步技术

与其他数字通信系统一样，OFDM 系统需要可靠的同步技术，包括定时同步、频率同步和相位同步，其中频率同步对系统的影响最大。移动无线信道存在时变性，在传输过程中会出现无线信号的频率偏移，这会使 OFDM 系统子载波间的正交性遭到破坏，使子信道间的信号相互干扰，因此频率同步是 OFDM 系统的一个重要问题。为了不破坏子载波间的正交性，在接收端进行 FFT 变换前，必须对频率偏差进行估计和补偿。

可采用循环前缀方法对频率进行估计，即通过在时域内将 OFDM 符号的后面部分插入该符号的开始部分，形成循环前缀。利用这一特性，可将信号延迟后与原信号进行相关运算，这样循环前缀的相关输出就可以用来估计频率偏差。

3. 信道编码和交织

为了对抗无线衰落信道中的随机错误和突发错误，通常采用信道编码和交织技术。OFDM 系统本身具有利用信道分集特性的能力，一般的信道特性信息已被 OFDM 调整方式本身所利用，可以在子载波间进行编码，形成编码的 OFDM-COFDM，即把 OFDM 技术与信道编码、频率时间交织结合起来，提高系统的性能，其编码可以采用各种码（如分组码和卷积码）。

（六）OFDM 技术的应用

（1）数字声广播工程 欧洲的数字声广播工程（DAB）DABEUREKA147 计划已成功地使用了 OFDM 技术。为了克服多个基站可能产生的重声现象，人们在 OFDM 的信号前增加了一定的保护时隙，有效地解决了基站间的同频干扰，实现了单频网广播，大幅度减少了整个广播占用的频带宽度。

（2）HFC 网 HFC（Hybrid Fiber Cable）是一种光纤 – 同轴混合网。OFDM 被应用到有线电视网中，在干线上采用光纤传输，而用户分配网络仍然使用同轴电缆。这种光电混合传输方式提高了图像质量，并且可以传到很远的地方，扩大了有线电视的使用范围。

（3）移动通信 在移动通信信道中，由多径传播造成的时延扩展在城市地区大致为几微秒到数十微秒，这会带来码间干扰，恶化系统性能。近年来，国外已有人研究采用多载波并传 16QAM 调制的移动通信系统。将 OFDM 技术和交织技术、信道编码技术结合，可以有效地对抗码间干扰，这已成为移动通信环境中抗衰落技术的研究方向。

（七）OFDM 系统的优点

例如，在电力载波通信应用中，采用正交频分复用可以提高电力线网络传输质量，它是一种多载波调制技术。传输质量的不稳定意味着电力线网络无法保证如语音和视频流这样实时应用程序的传输质量。然而，对于传输突发性的 Internet 数据流它却是个理想的网络。即便是在配电网受到严重干扰的情况下，OFDM 也可以提供高带宽并且保证带宽传输效率，而且适当的纠错技术能够确保可靠的数据传输。OFDM 的主要技术特点如下：

1）可有效对抗信号波形间的干扰，适用于多径环境和衰落信道中的高速数据传输；

2）通过各子载波的联合编码，具有很强的抗衰落能力；

3）各子信道的正交调制和解调可通过离散傅里叶反变换 IDFT 和离散傅里叶变换 DFT 实现；

4）OFDM 较易与其他多种接入方式结合，构成 MC – CDMA 和 OFDM – TDMA 等。

（八）OFDM 系统应用中的问题

1）传送端及接收端的采样速率不一样会造成采样点的误差，导致产生幅度失真、相位漂移（phase shift）、ICI 等影响。

2）传送接收端相对运动的多普勒效应也会造成载波相位偏移，在产生高频载波时由于都会有起始相位，所以很难用人为因素使传送端高频载波和接收端载波完全同步。

117

3）由于 OFDM 信号是多个调制后的子载波信号的线性叠加，因此可能会造成比平均信号准位高的瞬间尖峰信号，进而产生高峰值对均值功率比效应。

4）相位偏移传送升频及接收端降频载波的频率不同步，会造成载波频率偏移。传送及接收端的相对运动所产生的多普勒平移也会产生 CFO。

（九）OFDM 系统的发展过程

OFDM 的概念于 20 世纪五六十年代提出，1970 年 OFDM 的专利发表，其基本思想通过采用允许子信道频谱重叠，但相互间又不影响的频分复用（FDM）方法来并行传送数据。1972 年 Weinstein 和 Ebert 提出了使用离散傅立叶变换实现 OFDM 系统中的全部调制和解调功能，简化了振荡器阵列以及相关接收机本地载波之间严格同步的问题，为实现 OFDM 的全数字化方案做了理论上的准备。

20 世纪 80 年代后 OFDM 的调制技术在有线信道的研究中，Hirosaki 于 1981 年用 DFT 完成的 OFDM 调制技术，成功完成了 16QAM 多路并行传送 19.2kbit/s 的电话线的调制/解调器试验技术。

进入 20 世纪 90 年代，OFDM 广泛用于各种数字传输和通信中，如移动无线 FM 信道，高比特率数字用户线系统（HDSL），不对称数字用户线系统（ADSL），甚高比特率数字用户线系统（HDSI），数字音频广播（DAB）系统，数字视频广播（DVB）和 HDTV 地面传播系统。1999 年，IEEE802.11a 通过了一个无线局域网标准，其中 OFDM 调制技术被采用为物理层标准，使得传输速率可以达 54Mbit/s。这样，可提供 25Mbit/s 的无线 ATM 接口和 10Mbit/s 的以太网无线帧结构接口，并支持语音、数据、图像业务。这样的速率完全能满足室内、室外的各种应用场合。欧洲电信组织（ETsl）的宽带射频接入网的局域网标准 HiperiLAN2 也将 OFDM 定为它的调制技术标准。

2001 年，IEEE802.16 通过了无线城域网标准，该标准根据使用频段的不同，具体可分为视距和非视距两种。其中，使用 2～11GHz 许可和免许可频段，在该频段还存在干扰问题，所以系统采用了抵抗多径效应、频率选择性衰落或窄带干扰上有明显优势的 OFDM 调制，多址方式为光频分多址（OFDMA）。而后，IEEE802.16 的标准每年都在发展，2006 年 2 月，IEEE802.16e（移动宽带无线城域网接入空中接口标准）形成了最终的出版物。当然，采用的调制方式仍然是 OFDM。

2004 年 11 月，根据移动通信的要求，3GPP 通过被称为 LongTermEvolution（LTE），即"3G 长期演进"的立项工作。项目以制定 3G 演进型系统技术规范作为目标。3GPP 在 2005 年 12 月选定了 LTE 的基本传输技术，即下行 OFDM，上行 SC（单载波关 FDMA）。拥有中国自主知识产权的 3G 标准，即 TD－SCD-

MA 在 LTE 演进计划中也提出了 TD – CDM – OFDM 的方案，B3G/4G 是 ITU 提出的目标，并希望在 2010 年予以实现，即在室内和静止环境下支持高达 IGbit/s 的下行数据传输速率，而 OFDM 技术扮演了重要的角色。

（十）OFDM 系统与其他调制方式的比较

调制技术对通信的数字调制技术的要求如下：

1）在信道衰落条件下，误码率要尽可能低；

2）发射频谱窄，对相邻信道干扰小；

3）高效率的解调，以降低移动台功耗，进一步缩小体积和成本；

4）能提供较高的传输速率；

5）易于集成。

不同的无线载波调制方式有不同的特性。这些特性决定了在不同距离上传输不同数据量的能力。以下提及的载波调制方式已被运用到各种无线技术中，正交频分复用和它们的区别在于：

（1）固定频率　在一个特定的频段范围（通常非常窄）内传播信号的方式。通过此方式传输的信号通常要求高功率的信号发射器并且获得使用许可。如果遇到较强的干扰，那么信道内或者附近的固定频率发射器将受到影响。对于许可证的要求就是为了减少相邻的系统在使用相同的信道时产生的干扰。

（2）跳频扩频　使用被发射器和接收器都知晓的伪随机序列，在很多频率信道内快速跳变以发射无线电信号。FHSS 有较强的抗干扰能力，一旦信号在某信道中受阻，它将迅速在下一跳中重新发送信号。

（3）直接序列扩频　在设备的特定的发射频率内以广播形式发射信号。用户数据在空间传送之前，先附加扩频码，实现扩频传输。接收器在解调制的过程中将干扰剔除，在去除扩频码、提取有效信号时，噪声信号同时剔除。

第六节　非线性数字调制之二——数字相位调制

一、数字相位调制概述

相位调制也称为相移键控（PSK），与频率调制很相似，不过它的实现是通过改变发送波的相位而非频率，不同的相位代表不同的数据。PSK 最简单的形式为利用数字信号对两个同频、反相正弦波进行控制、不断切换合成调相波。

数字相位调制即数字相移键控（DPSK），与数字频率调制很相似。

解调时，让它与一个同频正弦波相乘，其乘积由两部分构成，即 2 倍频接收信号的余弦波，以及与频率无关，幅度与正弦波相移成正比的分量。因此采用低通滤波器滤掉高频成分后，便得到与发送波相应的原始调制数据。

数字相位调制是根据数字基带信号的两个电平使载波相位在两个不同的数值之间切换的一种相位调制方法。

产生 PSK 信号的两种方法如下：

1）调相法：将基带数字信号（双极性）与载波信号直接相乘的方法。

2）选择法：用数字基带信号去对相位相差 180°的两个载波进行选择。两个载波相位通常相差 180°，此时也称为反向键控。

二、相移键控调制

（一）相移键控调制的概念

（1）定义　相移键控（PSK）调制是一种用载波相位表示输入数字信号信息的调制技术。相移键控分为绝对相移键控和相对相移键控两种方式。

（2）绝对移相　以载波的不同相位直接表达相应的二进制数字信号的调制方式，称为绝对相移调制。绝对相移是以未调制载波的相位作为相位的参考基准。

以二进制调相为例，取码元为 1 时，调制后载波与未调载波同相；取码元为 0 时，调制后载波与未调载波反相；1 和 0 调制后载波相位差 180°。

（3）相对移相　利用前后相邻码元的载波相对相位变化，传递二进制数字信号的调制方式称为相对相移。相对相移是以相邻码元的载波相位为参考基准。一般实现方法为二进制差分相移键控，常简称为二相相对调相，记作 2DPSK。

它不是利用载波相位的绝对数值传送数字信息，而是用前后码元的相对载波相位值传送数字信息。所谓相对载波相位是指本码元初相与前一码元初相之差。假设相对载波相位值用相位偏移 $\Delta\varphi$ 表示，并规定数字信息序列与 $\Delta\varphi$ 之间的关系如下：

$$\Delta\varphi = \begin{cases} 0, & \text{数字信息 } 0 \\ \pi, & \text{数字信息 } 1 \end{cases} \tag{3-83}$$

按照该规定可画出 2DPSK 信号的波形，如图 3-59 所示。由于初始参考相位有两种可能，因此 2DPSK 信号的波形可以有两种（另一种相位完全相反，图中未画出）。DPSK 调制/解调原理框图如图 3-60 所示。

在某些调制解调器中用于数据传输的调制系统，在最简单的方式中，二进制调制信号产生 1 和 0。用载波相位来表示信号占空比或者二进制 1 和 0。对于有线线路上较高的数据传输速率，可能发生 4 个或 8 个相移键控不同的相移，系统要求在接收机上有精确和稳定的参考相位来分辨所使用的各种相位。利用不同的连续的相移键控，这个参考相位被按照相位改变而进行的编码数据所取代，并且

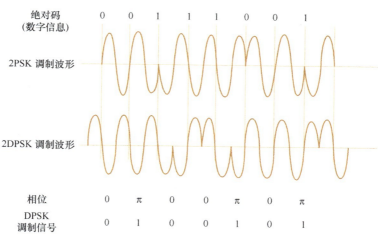

图 3-59　2DPSK 与 2PSK 信号波形对比图

121

通过将相位与前面的位进行比较来检测。

如果对 PSK 概念进一步延伸，则可推测调制的相位数目不仅限于两个，载波应该能够承载任意数目的相位信息，且对接收信号乘以同频正弦波就可解调出相移信息，而它是与频率无关的直流电平信号。相移调制正是基于该原理。利用 PSK，载波可以承载四种不同的相移（四个码片），每个码片又代表两个二进制字节。这种调制方式使同一载波能传送 2bit 的信息，而非原来的 1bit，从而使载波的频带利用率提高了一倍。

PSK 是根据数字基带信号的两个电平，使载波相位在两个不同数值之间切换的一种相位调制方法。如果是采用二进制调制信号，则称为 2PSK；如果采用多进制调制信号，则称为 MPSK。

（二）香农定理

香农理论也称作香农定理，是香农在信息处理和信息理论等相关领域的研究中，通过计算信号在经过一段距离如何衰减以及一个给定信号能够加载多少数据之后，得到了以下公式，这个公式就是香农定理。

$$C = B\log_2\left(1 + \frac{S}{N}\right) = B\log_2\left(1 + \frac{S}{n_0 B}\right) \tag{3-84}$$

式中，B 为信道带宽（Hz）；S 为信号功率（W）；n_0 为噪声功率谱密度（W/Hz）；N 为噪声功率（W）。

由香农公式可以得到以下重要结论：

1）信道容量受到三个要素的限制，即信道带宽 B、信号功率 S 和噪声功率谱密度 n_0。

2）提高信噪比（S/N）可以增大信道容量。

3）若噪声功率谱密度趋近于零（$n_0 \to 0$），则 $C \to \infty$。表明当信道无噪声时，信道容量为无穷大。

4）若信号功率趋近于无穷大（$S \to 0$），则 $C \to \infty$。表明当信号功率不受限制时，信道容量为无穷大。

5）信道容量 C 随着信道带宽 B 的适当增大而增大，但是不能无限制增大，即当信道带宽 B 趋近于无穷大（$B \to \infty$）时，信道容量 C 趋近于 1.44（S/n_0）。

6）当信道容量 C 一定时，$C \to 1.44 \dfrac{S}{n_0}$。信道带宽 B 与信噪比（S/N）可以互换。

7）若信源的信息速率 $R_b \leqslant C$，则理论上可实现无误差传输。

这一理论成功地使用在传播状态极端恶劣的短波段，在这里具有活力的通信方式比快速方式更有实用意义，PSK 就是这一理论的应用。

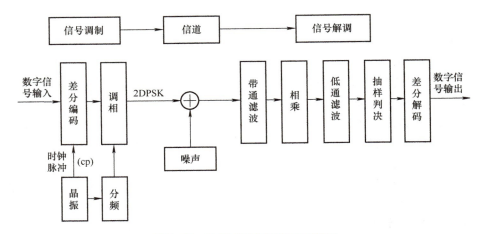

图 3-60　DPSK 调制/解调原理框图

（三）PSK 信号的产生方法

（1）调相法　将基带数字信号（双极性）与载波信号直接相乘的方法。

（2）选择法　用数字基带信号去对相位相差 180° 的两个载波进行选择。

两个载波相位通常相差 180°，此时称为反向键控（PSK）。

相移键控是利用载波的相位变化来传递数字信息，而振幅和频率保持不变。在 2PSK 中通常信号的时域表达式为

$$e_{2PSK}(t) = A \cdot SDIG \cdot \cos(\omega_c t + \theta_n) \tag{3-85}$$

式中，$e_{2PSK}(t)$ 为 2PSK 信号的时域值；A 为函数的幅值；ω_c 为函数的频率；θ_n 为第 n 个符号的绝对相位；SDIG 取值为 1 或 −1。

因此式（3-84）可以写为

$$e_{2\text{PSK}}(t) = \begin{cases} A\cos(\omega_c t) \\ -A\cos(\omega_c t) \end{cases} \tag{3-86}$$

相移键控 DPSK 的调制/解调原理框图如图 3-60 所示。

（3）解调方法　只能采用相干解调。

（四）主要应用

传统的通信借助电线传输，因为这既省钱又可以保证信息可靠传送，而长途通信则需要通过无线电波传送信息。从系统硬件设备方面考虑很方便，但是从传送信息的准确性考虑，却导致了信息传送的不确定性增加，而且由于常常需要借助于大功率传送设备来克服因气象条件、高大建筑物以及其他各种各样的电磁干扰引起的信号衰减和信噪比降低，甚至完全满足不了通信的基本要求。

各种不同类型的调制方式根据系统造价、接收信号品质要求提供各种不同的解决方案，由于低成本微控制器的出现以及民用移动电话和卫星通信的引入，数字调制技术日益普及。数字调制具有采用微处理器的模拟调制方式的所有优点，通信链路中的任何不足均可借助于软件根除，它不仅可实现信息加密，而且通过误差校准技术，使接收到的数据更加可靠，另外借助于数字信号处理（Digital Signal Processing，DSP）技术，还可减小分配给每个用户设备的有限带宽，频率利用率得以提高。

如同模拟调制一样，数字调制也可分为频率调制、相位调制和幅度调制，性能各有千秋。由于频率、相位调制对噪声抑制更好，因此成为当今大多数通信设备的首选方案。

三、正交相移键控调制

（一）正交相移键控调制的概念

定义：正交相移键控调制（Orthogonal Phase – Shift – Keyed Modulation，QPSK）又叫作四相相移键控，是一个通过转换或调制来表达数据的调制方法，其基准信号–载波的定相，即 QPSK 在星状图中使用四个点平均分布在一个圆周上。在这四个相位上，QPSK 的每个符号均能够进行两位编码，以格雷编码的方式以最小化误码率（BER）显示在图形上。所以，有时也称为第四期、四相 PSK 或 4–PSK。

QPSK 分为绝对相移和相对相移两种。由于绝对相移方式存在相位模糊问题，所以在实际中主要采用相对移相方式 DQPSK。目前已经广泛应用于无线通信中，成为现代通信中一种十分重要的调制解调方式。

概述：在相移键控（PSK）中，数据是通过载波信号的相移来表示的。相比于最简单的二进制相移键控（BPSK），若让一个信号元素代表多个比特，则能更有效地利用带宽。调制器输入的数据是二进制的数字序列，为了能和四进制的载波相位相配合，就需要将二进制数据变换为四进制的数据，也就是说需要将二进制数字序列中每两个比特分成一组，共有四种组合，即00，01，10，11，其中的每一组称为双比特码元。每一组双比特码元由两位二进制信息比特组成，其分别表示四进制中四个符号中的一个符号。所以，QPSK中每次调制可传输两个信息比特。这样，一个信号元素代表了两个比特，而不是一个。

这些信息比特是通过载波的四种相位进行传递常用的编码技术，载波使用的相位偏移值为 π/2（90°）的倍数（π/2，π，3π/2），而不像 BPSK 中只允许存在 180°的相位偏移。而解调器则根据星座图及接收到载波信号的相位来判断发送端的信息比特，这种技术称为正交相移键控（QPSK）。

（二）正交相移键控调制的工作原理

在数字信号的调制方式中 QPSK 是最常用的一种卫星数字信号调制方式，它具有较高的频谱利用率和较强的抗干扰性，在电路实现上也较为简单。偏移四相相移键控信号简称为 OQPSK，全称为 offset QPSK，也就是相对移相方式。

首先将输入的串行二进制信息序列经串－并变换，变成 $m = \log_2 M$ 个并行数据流，其中每一路的数据率是 R/m（R 是串行输入码的数据率）。I/Q 信号发生器将每一个 m 比特的字节转换成一对（pn，qn）数字，分成两路速率减半的序列，电平发生器分别产生双极性二电平信号 $I(t)$ 和 $Q(t)$，然后对 $A\sin\omega_c t$ 和 $A\cos\omega_c t$ 进行调制，结果相加后即得到 QPSK 信号。

图 3-61 所示为 QPSK 调制原理框图。图中的输入是数据率为 $R = 1/T_b$ 的二进制数字流，其中 T_b 是每比特持续时间。通过一次一个地交替读取，这个串行数字流将被转化成两个独立的并行二进制流，数据率都是 $R/2\text{bit/s}$。这两个二进制流分别称为 I（与原信号同相位）流和 Q（与原信号正交相位）流。图上方的二进制流被调制为 f_c 的载波上，也就是将该二进制流与载波相乘。调制器的结构简单，将二进制的 1 映射为 $[-(1/2)^{(-1/2)}]$。这样二进制的 1 就可以用单位化的载波来表示，而二进制的 0 则用单位化载波的负值表示，两者的振幅都是恒定的。同样这个载波经过 90°的相移后用来调制图下方的二进制流，然后将这两个经过调制的信号叠加并成为 QPSK 调制信号输出。

（三）传输信号的数学表达式

1）QPSK 调制传输信号的数学表达式如下：

$$s(t) = \frac{1}{\sqrt{2}} I(t) \cos 2\pi f_c t - \frac{1}{\sqrt{2}} Q(t) \sin 2\pi f_c t \qquad (3\text{-}87)$$

2）双比特码元的数学表达式如下：

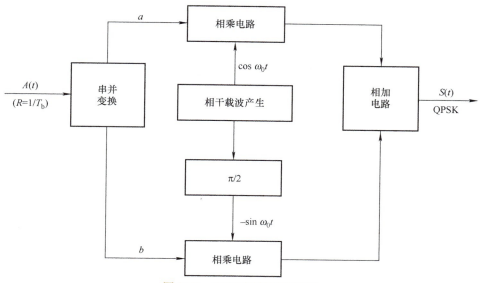

图 3-61 QPSK 调制原理框图

$$s(t) = \begin{cases} A\cos\left(2\pi f_c t + \dfrac{\pi}{4}\right), & \text{表示 11} \\[2mm] A\cos\left(2\pi f_c t + \dfrac{3\pi}{4}\right), & \text{表示 01} \\[2mm] A\cos\left(2\pi f_c t - \dfrac{3\pi}{4}\right), & \text{表示 00} \\[2mm] A\cos\left(2\pi f_c t - \dfrac{\pi}{4}\right), & \text{表示 10} \end{cases} \qquad (3\text{-}88)$$

3）QPSK 调制中载波偏移四相相移键控信号的波形图如图 3-62 所示。

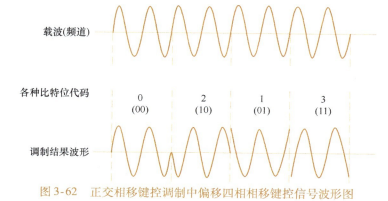

图 3-62 正交相移键控调制中偏移四相相移键控信号波形图

4）QPSK 调制举例。图 3-63 所示为正交相移键控的一个具体例子。两个调制过的信号流都是 BPSK 信号流，其数据率为原始比特率的一半。因此，组合后的信号速率为输入比特速率的一半。

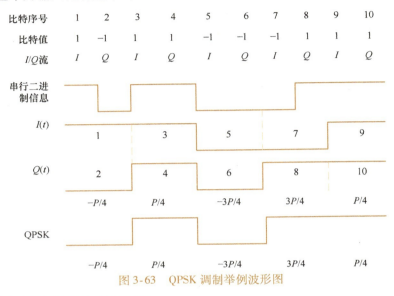

图 3-63　QPSK 调制举例波形图

（四） 正交相移键控的解调

正交相移键控的解调包括模－数转换、抽取和插值、匹配滤波、时钟和载波恢复。解调的原理框图如图 3-64 所示。

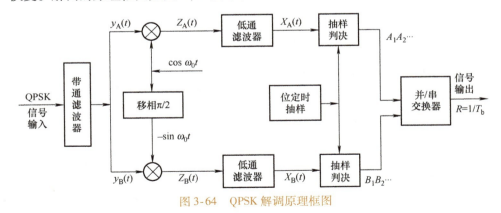

图 3-64　QPSK 解调原理框图

在实际正交相移键控的调制与解调电路中，采用的是非相干载波调制与解调。在解调电路中本振信号与发射端的载波信号存在频率偏差和相位抖动，因而解调出来的模拟 I、Q 基带信号是带有载波误差的信号。所以模拟基带信号即为采用定时准确的时钟进行采样判决，得到的数字信号也不是原来发射端的调制信号，其误差的积累将导致采样判决后的误码率增大，因此数字信号 QPSK 的解调电路要对载波误差进行补偿，减少非相干载波带来的影响。此外，采样时钟也不是从信号中提取的，当采样时钟与输入数据不同步时，采样将不在最佳采样时刻进行所得到的采样值，其总体信噪比也不是最高的，所以其误码率偏高。因此在电路中还需要恢复出一个与输入符号同步的时钟，来校正固定采样带来的样点误差，并且准确的脉冲位定时信息可为数字解调后的信道纠错解码提供正确的时钟。校正办法是由定时恢复和载波恢复模块通过一定的算法产生定时和载波误差，差值在定时和载波误差信号的控制下，对模拟－数字转换后的采样值进行抽取或插值滤波，得到信号在最佳采样点的值，不同芯片采用的算法不尽相同。例如，可采用数据辅助法（DA）载波相位和定时相位联合估计的最大似然算法。

（五）偏置四相移相键控（OQPSK）

关于 QPSK 还存在另一种形式，称为偏置正交相移键控（OQPSK）或称为正交四相移键控（Orthogonal QPSK，OQPSK）。它与 QPSK 的区别是在 Q 流中引入一个比特时间的时延，结果得到以下信号：

$$s(t) = \frac{1}{\sqrt{2}} I(t)\cos 2\pi f_c t - \frac{1}{\sqrt{2}} Q(t - T_b)\sin 2\pi f_c t \tag{3-89}$$

OQPSK 是在 QPSK 基础上发展起来的一种恒包络数字调制技术。恒包络技术是指已调波的包络保持为恒定，它与多进制调制是从不同的两个角度来考虑调制技术的。恒包络技术所产生的已调波经过发送带限后，当通过非线性部件时，只产生很小的频谱扩展。这种形式的已调波具有两个主要特点，其一是包络恒定或起伏很小；其二是已调波频谱具有高频快速滚降特性，或者说已调波旁瓣很小，甚至几乎没有旁瓣。

采用这种技术已实现了多种调制方式。OQPSK 信号的频带利用率较高，理论值达 1bit/s/Hz。在 QPSK 中，当码组为 0011 或 0110 时，产生 180°的载波相位跳变。这种相位跳变引起包络起伏，当通过非线性部件后，使已经滤除的带外分量又被恢复出来，导致频谱扩展，增加了对相邻波道的干扰。为了消除 180°的相位跳变，在 QPSK 基础上提出了 OQPSK。

一个已调波的频谱特性与其相位路径有着密切的关系，因此，为了控制已调波的频率特性，必须控制它的相位特性。恒包络调制技术的发展正是始终围绕着进一步改善已调波的相位路径这一中心进行的。OQPSK 也称为偏移四相相移键控，是 QPSK 的改进型。它与 QPSK 有同样的相位关系，也是将输入码流分成两路，然后进行正交调制。不同点在于它将同相和正交两支路的码流在时间上错开了半个码元周期。由于两条支路码元半周期的偏移，每次只有一路可能发生极性翻转，不会发生两条支路码元极性同时翻转的现象，因此 OQPSK 信号相位只能跳变 0°、±90°，不会出现 180°的相位跳变。

从上文中的波形图可以观察到在任何时间一对比特中只有一个比特可以改变

符号，因此叠加后信号的相位变化有缘不会超过 90°。这就是一个优势，因为调相器物理上的局限性，使得它很难在高速工作时完成大相位的变化。当传输信道（发送器和接收器）中有强非线性元件时，OQPSK 还能提供较好的性能。非线性元件的影响是信号带宽的扩散，这可能会导致对相邻信号的干扰。如果相位变化不大，那么这种信号带宽的扩散也比较容易控制，所以说 OQPSK 比 QPSK 更具优势。

四、差分正交相移键控调制

（一）差分正交相移键控调制的定义

差分正交相移键控（Differential Orthogonal Phase – Shift Keying，DOPSK）调制是一种经过差分预编码的相移键控调制技术，其中差分预编码方式的定义见以下公式：

$$\begin{cases} I_K = \overline{X_K Y_K I_{K-1}} + \overline{X_K} Y_K Q_{K-1} + X_K Y_K I_{K-1} + X_K \overline{Y_K} Q_{K-1} \\ Q_K = \overline{X_K Y_K Q_{K-1}} + \overline{X_K} Y_K I_{K-1} + X_K Y_K Q_{K-1} + X_K \overline{Y_K} I_{K-1} \end{cases} \quad (3-90)$$

$$\text{或} \begin{cases} I_K = \overline{X_K Y_K I_{K-1}} + \overline{X_K} Y_K Q_{K-1} + X_K Y_K I_{K-1} + X_K \overline{Y_K} Q_{K-1} \\ Q_K = \overline{X_K Y_K Q_{K-1}} + \overline{X_K} Y_K I_{K-1} + X_K Y_K Q_{K-1} + X_K \overline{Y_K} I_{K-1} \end{cases} \quad (3-91)$$

式中，I_K 为经过预编码后的 I 路比特序列第 K 位信号；Q_K 为经过预编码后的 Q 路比特序列第 I 位信号；X_K 为 X 路需要传输的比特序列第 K 位信号；Y_K 为 Y 路需要传输的比特序列第 K 位信号。

注：公式中带上划线的表示逻辑非；两组公式是两种用于 OQPSK 的预编码方式。

（二）差分正交相移键控的工作原理

DOPSK 不是利用载波相位的绝对数值传送数字信息，而是用前后码元的相对载波相位值传送数字信息。所谓相对载波相位是指本码元初相与前一码元初相之差，其原理框图见图 3-65 所示。

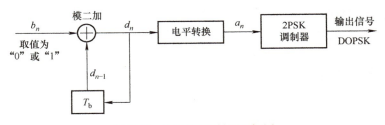

图 3-65　DOPSK 调制原理框图

以输入绝对码（b_n）[10010011] 为例，在框图中各个部位的调制信号码元见表 3-1，其调制波形图如图 3-66 所示。

表 3-1 DOPSK 调制各个部位的信息或数据码元表

项目	信息或数据								
绝对码（b_n）		1	0	0	1	0	0	1	1
相对码（d_n）	1	0	0	0	1	1	1	0	1
（d_{n-1}）		1	0		0	1	1	1	0
电平（a_n）	+1	-1	-1	-1	+1	+1	+1	-1	+1
相位（θ_n）	0	π	π	π	0	0	0	π	0
（$\theta_n - \theta_{n-1}$）		π	0	0	-π	0	0	π	-π

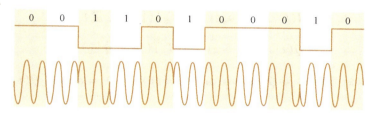

图 3-66 DOPSK 调制波形图

五、多进制相移键控调制

（一）多进制相移键控调制概述

（1）定义 多进制相移键控（Multi – System Phase Shift Keying，MPSK）调制，是利用多进制数字基带信号去调制高频载波的相位参量的过程。

（2）进制 进制也就是进位计数制，是人为定义的带进位的计数方法。对于任何一种进制，即 X 进制就表示每一位置上的数运算时都是逢 X 进一位。十进制是逢十进一，二进制就是逢二进一，四进制就是逢四进一，十六进制是逢十六进一……以此类推。平常采用的多为十进制，而在计算机数字计数中采用的为二进制、四进制、八进制和十六进制。

（二）多进制相移键控的时域表达式

$$S_{\text{MPSK}}(t) = \sum_{n=-\infty}^{\infty} g(t - nT_{\text{S}})\cos(\omega_{\text{c}}t + \varphi_n) \tag{3-92}$$

式中，$\varphi_n = \dfrac{2\pi}{M}(i-1) + \theta, i = 1, 2, \cdots, M, M = 2^K, K = $ 正整数。

$$
\begin{aligned}
S_{\text{MPSK}}(t) &= \sum_{n=-\infty}^{\infty} g(t - nT_{\text{S}})\cos(\omega_{\text{c}}t + \varphi_n) \\
&= \sum_{n} (\cos\varphi_n\cos\omega_{\text{c}}t - \sin\varphi_n\sin\omega_{\text{c}}t)g(t - nT_{\text{S}})
\end{aligned}
\tag{3-93}
$$

式中，$\cos\varphi_n = a_n, \sin\varphi_n = b_n$。

所以

$$S_{\text{MPSK}}(t) = \Big[\sum_n a_n \times g(t - nT_S)\Big]\cos\omega_c t - \Big[\sum_n b_n \times g(t - nT_S)\Big]\sin\omega_c t$$

$$(3\text{-}94)$$

从上述公式可见，MPSK 信号可以看成对两个差分正交载波进行多电平双边带调制后，所得到的两路 MASK 信号的叠加。

$$B_{\text{MPSK}} = B_{\text{MNSK}} = 2f_S = 2/T_S \tag{3-95}$$

$$S_{\text{MPSK}}(t) = I(t)\cos(\omega_c t) - Q(t)\sin(\omega_c t) \tag{3-96}$$

$$I(t) = \sum_n a_n g(t - nT_S)\,(\text{同相分量}) \tag{3-97}$$

$$Q(t) = \sum_n b_n g(t - nT_S)\,(\text{正交分量}) \tag{3-98}$$

$$S_{\text{MPSK}}(t) = \sqrt{I^2(t) + Q^2(t)}\cos(\omega_c t + \varphi(t)),\varphi(t) = \arctan\big[Q(t)/I(t)\big]$$

$$(3\text{-}99)$$

（三） 多进制相移键控信号矢量图

因为

$$\varphi_n = \frac{2\pi}{M}(i - 1) + \theta, i = 1, 2, \cdots, M \tag{3-100}$$

则在 $M=2$，$M=4$，$M=8$ 的情况下，多进制相移键控信号矢量图如图 3-67 所示。

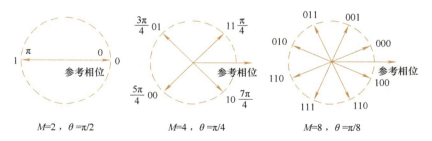

$M=2$，$\theta=\pi/2$ $M=4$，$\theta=\pi/4$ $M=8$，$\theta=\pi/8$

图 3-67　几种典型的多进制相移键控信号矢量图

（四） 多进制相移键控调制的实现

1）多进制相移键控调制通用计算式为

$$S_k(t) = A\cos(\omega_0 t + \theta_k), \quad k = 1, 2, \cdots, M \tag{3-101}$$

$$\theta_k = \frac{2\pi}{M}(k - 1), \quad k = 1, 2, \cdots, M \tag{3-102}$$

$$S_k(t) = \cos(\omega_0 t + \theta_k) = a_k\cos\omega_0 t - b_k\sin\omega_0 t \tag{3-103}$$

2）一种采用选择法产生的四进制相移键控调制框图如图 3-68 所示。

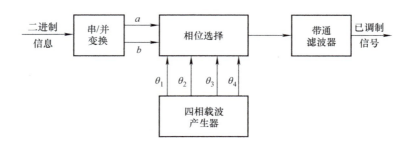

图 3-68　采用选择法产生的四进制相移键控调制框图

3）一种 8PSK 信号的星座映射关系图表见表 3-2 和图 3-69。

表 3-2　一种 8PSK 信号的星座映射关系表

八进制符号值	$b_3 b_2 b_1$	(a_{cn}, a_{sn})
0	000	$(1, 0)$
1	001	$(0.707, 0.707)$
2	011	$(0, 1)$
3	010	$(-0.707, 0.707)$
4	110	$(-1, 0)$
5	111	$(-0.707, -0.707)$
6	101	$(0, -1)$
7	100	$(0.707, -0.707)$

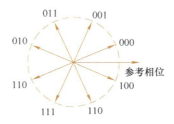

图 3-69　一种 8PSK 信号的星座映射关系图

4）八进制相移键控调制信号的波形图如图 3-70 所示。

（五）多进制相移键控调制功率谱密度

几种常用多进制相移键控调制功率谱密度曲线图如图 3-71 所示。

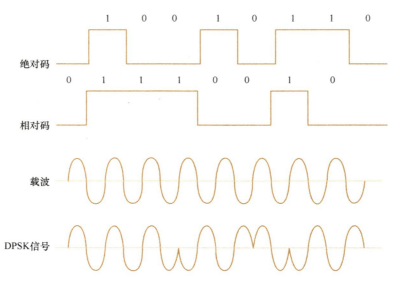

图 3-70　八进制相移键控调制信号的波形图

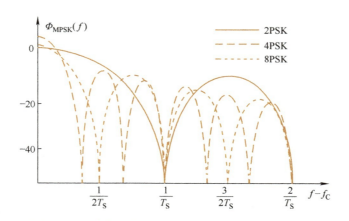

图 3-71　几种常用多进制相移键控调制功率谱密度曲线

六、相移键控调制的特点和应用

（一）相移键控调制的特点

相对于模拟调制而言，虽然幅度调制/解调结构要简单得多。从系统硬件设备方面考虑这很方便，但是从传送信息的准确性考虑，却导致了信息传送不确定性增加，而且常常需要借助于大功率传送设备来克服因气象条件、高大建筑物以及其他各种外部的电磁干扰。

而频率、相位调制对噪声抑制更好，由于低成本微控制器的出现，以及民用移动电话和卫星通信的引入，数字调制技术日益普及。数字调制具有采用微处理器的所有优点，通信链路中的任何不足均可借助于软件根除，它不仅可实现信息加密，而且通过误差校准技术，使接收到的数据更加可靠，另外借助于数字信号处理技术（DSP），还可减小分配给每个用户设备的有限带宽，频率利用率得以提高。因此，相位调制成为当今大多数通信设备的首选方案。

如果对上述 PSK 概念进一步延伸，则可推测调制的相位数目不仅限于两个，载波应该能够承载任意数目的相位信息，而且对接收信号乘以同频正弦波就可解调出相移信息，而它是与频率无关的直流电平信号。相移调制正是基于该原理。利用 PSK，载波可以承载四种不同的相移（四个码元），每个码元又代表两个二进制字节。这种调制方式使同一载波能传送 2bit 的信息，而非原来的 1bit，从而使载波的频带利用率提高了一倍。四相移键控调制 QPSK 是一种频谱利用率高、抗干扰性强的数调制方式，它被广泛应用于各种中、高速数据传输的通信系统中，适合卫星广播。例如，数字卫星电视 DVB – S2 标准中，信道噪声门限低至 4.5dB，传输码率达到 45Mbit/s，采用 QPSK 调制方式，同时保证了信号传输的效率和误码性能。

（二） 相移键控调制的应用

业余无线电爱好者使用的 BPSK 或 QPSK，即 PSK31，为相移键控调制广泛应用的一个方面。在这个模态中，数据传输率是 31.25bit，而且信号带宽大约为 31Hz。PSK31 的主要好处是它的优良信噪比（S/N），允许在不利的环境下通信，特别适合于业余无线电爱好者使用。

（三） 二进制数字调制系统性能比较

1. 有效性

当码元宽度为 T_S 时（$f_S = 1/T_S$），2ASK 系统和 2PSK 系统的频带宽度为 $2f_S$，2FSK 系统的频带宽度为 $|f_1 - f_2| + 2f_S$。所以，从频带宽度或频带利用率来看，2ASK、2PSK、2DPSK 的有效性相同，优于 2ASK。

2. 几种多进制数字调制系统的频带利用率比较

几种多进制数字调制系统 MFSK、MASK、MPSK 的频带利用率见表 3-3。

表 3-3　几种多进制数字调制系统的频带利用率比较

η_b 进制数调制类型	$M = 2$	$M = 4$	$M = 8$	$M = 16$
MFSK	1/4	1/4	3/16	1/8
MASK	1/2	1	2/3	2
MPSK	1/2	1	2/3	2

3. 可靠性

表 3-4 中为各类数字调制/解调系统在信噪比 r 相同的条件下，其误码率的计算公式。

表 3-4　几种多进制数字调制系统的误码率比较（信噪比 r 相同）

类别	相干解调 P_e	非相干解调 P_e
2ASK	$\frac{1}{2}\mathrm{erfc}\left(\sqrt{\frac{r}{4}}\right)$	$\frac{1}{2}e^{-r/4}$
2FSK	$\frac{1}{2}\mathrm{erfc}\left(\sqrt{\frac{r}{2}}\right)$	$\frac{1}{2}e^{-r/2}$
2PSK	$\frac{1}{2}\mathrm{erfc}(\sqrt{r})$	
2DPSK		$\frac{1}{2}e^{-r}$

从表 3-3 中可见：

1）每一对相干和不相干的键控系统中，相干方式优于非相干方式。基本上符合 $\mathrm{erfc}\sqrt{r}$ 和 $\exp(-r)$ 之间的关系，随着 $r\to\infty$，它们将趋向于同一个极限值。

2）三种相干或非相干的方式之间，在相同误码率的条件下，2PSK 的信噪比要求比 2FSK 小 3dB；2FSK 的信噪比要求比 OOK 小 3dB。因此，在抗高斯白噪声性能方面，相干 2PSK 优于 2FSK 优于 OOK。

3）在信噪比 r 相同的条件下，相干 2PSK 将有最低的误码率。

4）在信噪比 $r=10$ 时，各种基本调制系统形式能够达到的误码率，见表 3-5。

5）当误码率 $P_e=10^{-5}$ 时，各种基本调制系统形式所需要的信噪比，见表 3-6。

表 3-5　各种基本调制系统形式能够达到的误码率（$r=10$ 时）

调制方式	误码率	
	相干解调	非相干解调
2ASK	1.26×10^{-2}	4.1×10^{-2}
2FSK	7.9×10^{-4}	3.37×10^{-3}
2PSK	3.9×10^{-6}	2.27×10^{-5}

表3-6　各种基本调制系统形式所需要的信噪比（误码率 $P_e = 10^{-5}$ 时）

调制方式	信噪比	
	倍数	分贝（dB）
2ASK	36.4	15.6
2FSK	18.2	12.6
2PSK	9.1	9.6

4. 对信道特性变化的敏感性

1）2ASK 判决器的最佳判决门限为 $a/2$ ［当 $P(1) = P(0)$ 时］，最佳门限随信号功率变化（接收机输入信号的幅度），接收机不容易保持在最佳判决门限状态，从而导致误码率增大。

2）2FSK 两个抽样值比较，不需要人为地设置判决门限。

3）2PSK 门限为零，与信号功率无关，即与接收机输入信号的幅度无关。因此，它不随信道特性的变化而变化。

4）2DPSK 差分相干解调不需要提取相干载波，比较适用于信道不稳定的系统。

七、模拟信号调制与数字信号调制的比较

由表3-7 比较可知，数字信号调制具有较多优点，而技术和设备复杂现在已不是发展的障碍，因此目前具有以数字信号通信逐步取代模拟信号通信的趋势。

表3-7　模拟信号调制与数字信号调制的比较

调制方式	模拟调制	数字调制
优势	直观； 易于实现	抗干扰能力强； 较强的抗信道损耗； 易于加密，保密性强； 在有限的信道条件下可尽量提高频谱； 资源利用率高，即在单位频道内有效地传输更多的比特信息； 便于计算机对数字信息进行处理； 便于集成化
劣势	抗干扰能力差； 保密性差； 功率利用率低； 信号占用频带较宽，频带利用率低； 在传输中如果载波遇到信道的选择性衰落，则在包络检波时会出现过调失真	需要较宽的频带； 进行模-数变换时会产生量化误差； 要求的计算和设备相对复杂

第四章

载波的脉冲调制

第一节　载波的脉冲调制的基本概念

一、载波信号与调制信号

载波信号是指被调制用来传输的较高频率的信号，分为正弦波载波信号和脉冲载波信号。在较早以前应用的通信方式中，以模拟信号正弦波载波较多，要求正弦载波的频率远远高于调制信号的最高频率，否则在调制时会发生混叠现象，使传输信号失真。随着逻辑数学在通信领域的应用和通信事业的发展，脉冲载波信号以其多方面的优势，在通信领域所占比例越来越高。

可以这样理解，一般需要发送的数据频率是低频的，如果按照本身的数据的频率来传输，传输距离有限，不利于接收和同步。使用载波传输，可以将数据的信号加载到载波的信号上，接收方按照载波的频率来接收数据信号，有意义的数据信号波的波幅与无意义的信号载波的波幅是不同的，将这些信号提取出来就是所需要的数据信号。

调制是一种将信号注入载波，以此信号对载波加以调制的技术，以便将原始信号转变成适合传送的电波信号，常用于无线电波的广播与通信、利用电话线的数据通信等各方面。依调制信号的不同，可区分为数字调制及模拟调制，这些不同的调制是以不同的方法，将信号和载波合成的技术。调制的逆过程叫作解调，用来解出原始的信号。

调制与解调的意义是可以将信号的频谱搬移到任意位置，从而有利于信号的传送，并且使频谱资源得到充分利用。例如，天线尺寸为信号的十分之一或更大些，信号才能有效地被辐射。对于语音信号，相应的天线尺寸要在几十千米以上，但这在实际上不可能实现。这就需要调制过程将信号频谱搬移到较高的频率范围。如果不进行调制就将信号直接辐射出去，那么各电台所发出信号的频率就会相同。调制作用的实质就是使相同频率范围的信号分别依托于不同频率的载波上，接收机就可以分离出所需的频率信号，不致互相干扰。这也是在同一信道中实现多路复用的基础。

脉冲调制有以下两种含义：

一是指脉冲本身的参数（幅度、宽度、相位）随信号发生变化的过程。脉冲幅度随信号变化称为脉冲振幅调制；脉冲相位随信号变化称为脉冲相位调制。同理还有脉冲宽度调制、双脉冲间隔调制、脉冲编码调制等。其中，脉冲编码调制的抗干扰性最强，故在通信中应用最有前途。在这些调制中脉冲均为载波信号，其他信号为调制信号。

二是指用脉冲信号调制高频振荡的过程。在这种调制中脉冲为调制信号，而高频振荡信号为载波信号。

两种含义的不同点是前者脉冲本身是载波，后者高频振荡是载波，一般说的脉冲调制通常指前者。

载波的脉冲调制定义为在信号调制中，脉冲本身的参数（幅度、宽度、相位）随信号发生变化的过程。

二、数字信号基础

（一）数字基带信号

数字基带信号是数字信息的电波形表示，它可以用不同的电平或脉冲来表示相应的信息代码。数字基带信号（以下简称基带信号）的类型有很多。以矩形脉冲为例，基带信号波形如图 4-1 所示。

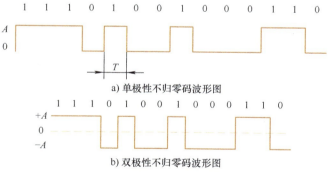

a) 单极性不归零码波形图

b) 双极性不归零码波形图

图 4-1 基带信号波形图

1. 单极性不归零码

如图 4-1a 所示，单极性不归零波形是一种简单的基带信号波形。它用正电平和零电平分别对应二进制码 1 和 0，或者说它在一个码元时间内用脉冲的有或无来表示 1 和 0，即码元脉冲的占空比为 100%。该波形的优点是电脉冲之间无间隔，极性单一，易于用 TTL、CMOS 电路产生；缺点是有直流分量（平均电平不为零），要求传输线路具直流传输能力，因而不适应有交流耦合的远距离传输，只适用于计算机内部或极近距离（如印制电路板内核机箱内）的传输。

2. 双极性不归零码

如图 4-1b 所示，双极性不归零波形用正、负电平的脉冲分别表示二进制代码 1 和 0，即码元脉冲具有正负脉冲，且占空比均为 100%。因其正负电平的幅度相等、极性相反，故当 1 和 0 等概率出现时无直流分量，有利于在信道中传输，并且在接收端恢复信号的判决电平为零值，因而不受信道特性变化的影响。抗干扰能力也较强。在 ITU – T 制定的 V. 24 接口标准和美国电工协会（EIA）制定的 RS – 232C 接口标准中均采用双极性波形。

3. 单极性归零码

所谓归零波形是指它的有电脉冲宽度 τ 小于码元宽度 T，即信号电压在一个码元终止时刻前总要回到零电平。通常，归零波形使用半占空码。如图 4-2a 所示，单极性归零波形，从单极性归零波形可以直接提取定时信息，这是其他码型取位同步信息时常采用的一种过渡波形。

4. 双极性归零码

如图 4-2b 所示，双极性归零波形兼具双极性和归零波形的特点。由于其相邻脉冲之间存在零电位的间隔，使得接收端很容易识别出每个码元的起止时刻，从而使收发双方能保持正确的位同步。

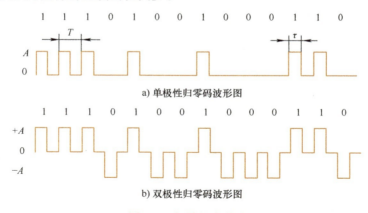

a) 单极性归零码波形图

b) 双极性归零码波形图

图 4-2　归零码波形图

5. 差分码波形

如图 4-3 所示，差分波形是用相邻码元的电平跳变和不变来表示信息代码的，而与码元本身的电位或极性无关。图中，以电平跳变表示 1，以电平不变表示 0，上述规定也可以反过来。由于差分波形是以相邻脉冲电平的相对变化来表示代码的，因此也称为相对码波形，而相应地称单极性或双极性波形为绝对码波形。用差分波形传送代码可以消除设备初始状态的影响，特别是在相位调制系统中可用于解决载波相位模糊问题。

图 4-3　单极差分波形图

6. 多电平码波形

前述各种波形的电平取值只有两种，即一个二进制码对应于一个脉冲。为了提高频带利用率，可以采用多电平波形或多值波形。图 4-4 给出了一个四电平波形 2B1Q（两个比特用四级电平中的一级表示），其中 11 对应 +3E，10 对应 +E，00 对应 -E，01 对应 -3E。由于多电平波形的一个脉冲对应多个二进制码，在波特率相同的条件下，比特率提高了，因此多电平波形在频带受限的高速数据传输系统中得到广泛应用。

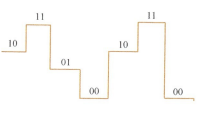

图 4-4　多电平码波形图

需要指出的是，表示信息码元的单个脉冲的波形并非一定是矩形的。根据实际需要和信道情况，还可以是高斯脉冲、升余弦脉冲等其他形式。

（二）各种码的波形比较

单极性不归零波形有直流分量，需有直流传输的系统机制。归零码改善这种情况，且归零码可以提取位同步信息，相关码形归纳如图 4-5 所示。

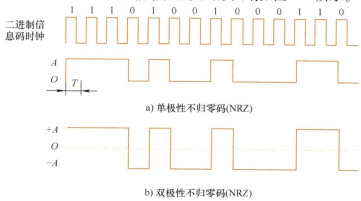

图 4-5　相关码形归纳图

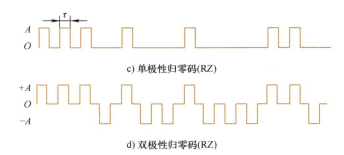

c) 单极性归零码(RZ)

d) 双极性归零码(RZ)

图 4-5　相关码形归纳图（续）

第二节　脉冲幅度调制

一、脉冲幅度调制概述

定义：载波的脉冲幅度调制（Pulse amplitude modulation，PAM）为载波脉冲的幅度随基带信号幅度变化的一种调制方式。

脉冲幅度调制简称脉幅调制，是对脉冲载波进行调幅的方式。当脉冲载波为冲激脉冲时，则 PAM 和采样定理原理一样。实际上，由于真正的冲激脉冲串不能实现，所以通常只能采用窄脉冲串来实现。

设脉冲载波是周期为 T、幅度为 A、宽度为 τ 的矩形脉冲序列。实际上，PAM 的过程就是用脉冲序列对基带信号进行采样的过程，采样间隔就是 T，所得的已采样信号就是 PAM 信号。

二、脉冲振幅调制的分类

（一）按照采样后信号波形分类

按照采样后的信号波形分为曲顶采样和平顶采样。

1）曲顶采样也称为自然采样，采样后的信号脉冲顶部随调制信号 $m(t)$ 变化。其采样后波形如图 4-6 所示。

2）平顶采样后的信号脉冲顶部不随调制信号 $m(t)$ 变化，而是平顶的采样。其采样后波形如图 4-7 所示。

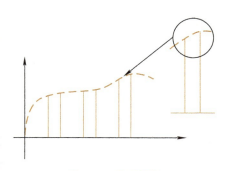

图 4-6　曲顶采样

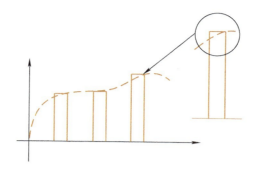

图 4-7　平顶采样

（二）　曲顶采样的脉冲调幅

曲顶采样又称为自然采样，它是指调制信号经脉冲采样后，其顶部（脉冲幅度）随着被采样信号 $m(t)$ 而变化。即保持了 $m(t)$ 的变化规律。

曲顶采样的 PAM 调制原理框图如图 4-8 所示。

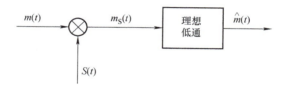

图 4-8　曲顶采样的 PAM 原理图

曲顶采样的脉幅调制的波形与频谱图如图 4-9 所示。

图 4-9 中 $m(t)$ 为基带信号，$S(t)$ 为载波脉冲，$m_S(t)$ 为已调制信号。

其采样脉冲函数表达式为

$$m_S(t) = m(t)S(t)$$

可见，采样脉冲的周期由低通采样定理决定，其频谱是包络按采样函数变化的冲激串。采样后的频谱信号 $S(t)$ 和 $M_S(t)$ 的频谱信号为

$$\begin{cases} S(\omega) = \dfrac{2\pi\tau}{T_S} \displaystyle\sum_{n=-\infty}^{\infty} Sa(n\tau\omega_H)\delta(\omega - 2n\omega_H) \\[4mm] M_S(\omega) = \dfrac{1}{2\pi}[M(\omega)S(\omega)] = \dfrac{A\tau}{T_S}\displaystyle\sum_{n=-\infty}^{\infty} Sa(n\tau\omega_H)M(\omega - 2n\omega_H) \end{cases} \tag{4-1}$$

此频谱与理想采样的频谱非常相似，也是由无限个间隔为 $\omega_S = 2\omega_H$ 的 $M(\omega)$ 频谱之和组成。其中，$n = 0$ 的成分是 $(\tau/T_S)M(\omega)$，与原信号频谱 $M(\omega)$ 只差一个比例常数 (τ/T_S)，因而，也可以采用低通滤波器从 $M_S(\omega)$ 中滤出 $M(\omega)$，从而恢复出基带信号 $m(t)$。

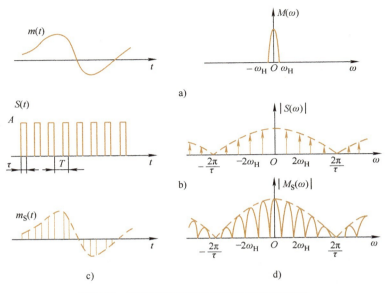

图 4-9　曲顶采样脉幅调制的波形与频谱图

$$M_s(\omega) = \frac{1}{T_S} \sum_{n=-\infty}^{\infty} M(\omega - n\omega_S)$$

$$M(\omega) = \frac{A\tau}{T_S} \sum_{n=-\infty}^{\infty} S_a(n\tau\omega_H)M(\omega - 2n\omega_H) \qquad (4\text{-}2)$$

比较以上两式，可见其不同之处是，理想抽样的频谱被常数 $1/T_S$ 加权，因而信号带宽为无穷大；自然采样频谱的包络按照 S_a 函数随频率增高而下降，因而带宽是有限的，且带宽与脉宽 τ 有关。τ 越大，带宽越小，这个特点越有利于信号的传输，但是 τ 过大会导致时分复用的路数减少，所以，τ 的大小需兼顾带宽和复用路数二者互相矛盾的要求。

（三）平顶采样的脉冲调幅

平顶采样又称作瞬时采样，其与曲顶采样的不同之处在于平顶采样在采样后的信号中的脉冲均具有相同的形状，即顶部平坦的矩形脉冲，矩形脉冲的幅度即为瞬时采样值，即采样起始点的脉冲幅度。

原理框图如图 4-10 所示，图中的脉冲形成电路的作用就是将冲激脉冲变为矩形脉冲。

在脉冲形成电路中 $Q(t)$ 的函数表达式为

$$Q(t) = \begin{cases} A, & |t| \leq \tau \\ 0, & \text{其他} \end{cases} \qquad (4\text{-}3)$$

其脉冲形成电路输入端的信号表达式为

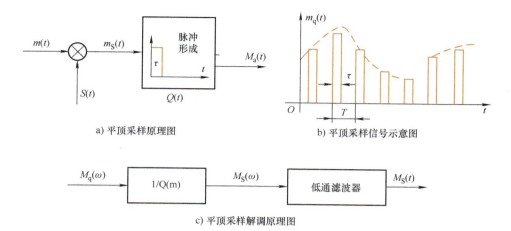

a) 平顶采样原理图

b) 平顶采样信号示意图

$M_q(\omega)$ → 1/Q(m) → $M_S(\omega)$ → 低通滤波器 → $M_S(t)$

c) 平顶采样解调原理图

图 4-10　平顶采样原理框图及信号示意图

$$M_S(t) = \sum_K m(kT_S)\delta(t - kT_S) \tag{4-4}$$

其脉冲形成电路输入端的频域表达式为

$$M_S(\omega) = \frac{1}{T_S}\sum_K M(\omega - k\omega_S) \tag{4-5}$$

其采样输出端的信号表达式为

$$\begin{aligned} M_q(t) &= M_S(t)q(t) \\ &= \Big[\sum_K m(kT_S)\delta(t - kT_S)\Big]q(t) \\ &= \sum_K m(kT_S)q(t - kT_S) \end{aligned} \tag{4-6}$$

其采样输出端的频域表达式为

$$M_q(\omega) = \frac{1}{T_S}\sum_k S_a\Big(\frac{\omega\tau}{2}\Big)M(\omega - k\omega_S) \tag{4-7}$$

若只接一个滤波器（LPF），则可得到输出为

$$M_q(\omega) = \frac{\tau}{T_S}S_a\Big(\frac{\omega\tau}{2}\Big)M(\omega) \tag{4-8}$$

可见，产生了失真，因此对于该信号的恢复可以采用图 4-10c 的解调原理图予以实现。

三、脉幅调制的解调原理

（一）脉幅调制的解调方法

1）加一个修正网络，再接滤波器 LPF，其传输函数为 $\dfrac{1}{Q(\omega)}$。

2）进行一次理想采样，然后由滤波器输出，理想采样的输出信号为

$$m(t) = \left[\sum_k m(kT_S) q(t - kT_S) \right] \cdot \delta(t - kT_S)$$

$$= \sum_k m(kT_S) q(0) \cdot \delta(t - kT_S) = \sum_k m(kT_S) \cdot \delta(t - kT_S) \tag{4-9}$$

在实际应用中，平顶采样信号采用抽样保持电路予以实现，得到矩形脉冲。在以下的脉冲编码调制（PCM）中，编码器的输入信号就是经采样－保持电路来实现的。在脉冲编码调制中将详细讲述。

以上的自然采样、平顶采样均能构成 PAM 通信系统的传输信号，但是因为 PAM 信号的抗干扰能力差，因此在实际中很少使用，而是作为脉冲编码调制中的一个过程。

（二）特点及规律

比较采用矩形窄脉冲进行采样与采用冲激脉冲进行采样（理想采样）的过程和结果，可以得到以下结论：

1）窄脉冲采样与冲激采样相类似。

2）不同点是频谱包络不恒定，按 $S_a(x)$ 函数衰减，但是仍可以由 LPF 提取 $M(\omega)$。

3）它们的调制（采样）与解调（信号恢复）过程完全相同，差别只是采用的采样信号不同。

4）矩形窄脉冲采样的包络的总趋势是随上升而下降，因此带宽是有限的，而理想采样的带宽是无限的。矩形窄脉冲的包络总趋势按 S_a 函数曲线下降，带宽与 τ 有关。τ 越大，带宽越小；τ 越小，带宽越大。

5）τ 的大小要兼顾通信中对带宽和脉冲宽度这两个互相矛盾的要求。通信中一般对信号带宽的要求是越小越好，因此要求 τ 大；但通信中为了增加时分复用的路数要求 τ 小，显然二者是矛盾的。

第三节　脉冲密度调制

一、脉冲密度调制的概念

脉冲密度调制（Pulse Density Modulation，PDM）是一种使用二进制数 0 和 1 表示模拟信号的调制方式。在 PDM 信号中，模拟信号的幅值使用输出脉冲对应区域的密度表示。

（1）定义　模拟信号的幅度变化经过脉冲密度调制，转化为脉冲的密度变化，也可以理解为频率的变化，即单位时间内的脉冲个数，调制波形如图 4-11 所示。

　　PWM 波是 PDM 波转换频率固定的一种特例，对一个使用 8 位表示的电压信号而言，峰值的 1/2 处会高低电平各持续一半，即 128 个时钟周期。在 PDM 信号中，会在 1，0 之间每个时钟周期都切换。两种波形的平均值都是 50%，但是 PDM 波切换得更加频繁。对于 100% 和 0 的电平信号，两种方式的输出相同。

　　（2）意义　在实际输出的一位数据流中，只存在 1 和 0，1 的密度越大，代表该区域对应的模拟信号幅值越大，反之，0 的密度越大，代表该区域的模拟信号幅值越小。1 和 0 连续转换的区域对应中间幅值。使用低通滤波器将 PDM 信号滤波后，可以恢复连续的模拟信号波形。

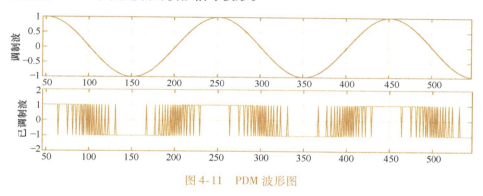

图 4-11　PDM 波形图

二、脉冲密度调制的工作原理

　　PDM 数据流是通过 sigma – delta 调制实现从模拟到离散的编码，在此过程中会使用一位量化器，以使输出非 1 即 0。1 和 0 各自对应波形上升或下降的趋势。在现实世界中，很少有单方向变化的信号，总会存在量化误差，即 1 和 0 所表示的信号与实际模拟信号对应的差值，这个误差在 sigma – delta 电路中，通过回路反馈回来。因此，误差通过反馈，又能影响下一次的量化输出和误差，起到了平滑的作用。

　　把 PDM 信号解码为模拟信号非常简单，只需要将 PDM 信号通过一个低通滤波器即可，该方法可行的原因是低通滤波器能很好地起到平均波形信号的作用。由于原信号的平均幅值被各个时刻的脉冲 1 和 0 的密度衡量，因此低通滤波器是解码过程唯一所需的步骤。

三、脉冲密度调制主要应用领域

　　PDM 信号在 D 类音频放大器的应用中，可以使之提高能效、降低功耗和缩小尺寸。对于手持设备和便携式物联网设备，所采用的音频电路需要具有低功率、小尺寸和低散热的重要特性。但是，音频放大器通常是低效的发热器，需要一定重量的散热器进行散热。D 类放大器的输入信号即为 PDM 信号，为了缩小尺寸和降低功率要求，PDM 信号为 D 类放大器或数字放大器提供了一种不错的解决方案。

D 类放大器之于音频播放的优点正如开关模式电源之于电源的优点。借助 D 类放大器，音频输入被编码为脉冲宽度调制（PWM）信号，可在开关电平之间驱动功率装置，并且仅在转换期间耗散功率。这些数字放大器大大提高了音频放大器的能效，从而降低了散热，并缩小了物理尺寸。此外技术的发展改变了调制方案，使输出端不再需要低通滤波器，从而进一步缩小尺寸和降低电路的复杂性。

这种方式目前应用不多，一些系统会把立体音频的 PDM 信号转换为串行数据，主时钟的上升沿代表左声道的一位数据，下降沿代表右声道的一位数据。

主要有 Sharp（夏普）公司的 $\Delta\Sigma$（$\Sigma-\Delta$）1bit 调制方式；也有多比特方式的方案发表，如索尼公司 SACD 所使用的编码方式即为 PDM 调制信号，名为 Direct Stream Digital。

第四节 脉冲宽度调制

一、脉冲宽度调制概述

（1）定义 脉冲宽度调制（Pulse Width Modulation，PWM）是利用微处理器的数字输出对模拟电路进行控制的一种非常有效的技术，其根据相应载荷的变化调制晶体管基极或 MOS 管栅极的偏置，来实现晶体管或 MOS 管导通时间的改变，在开关稳压电源中实现电源输出的改变。

脉冲宽度调制是一种模拟控制方式，在直流电源的自动调节中得到广泛应用。这种方式能使电源的输出电压在工作条件变化时保持恒定，是利用微处理器的数字信号对模拟电路进行控制的一种非常有效的技术。PWM 控制技术以其控制简单，灵活和动态响应好的优点而成为电力电子技术应用最广泛的控制方式，也是人们研究的热点。由于当今科学技术的发展已经没有了学科之间的界限，结合现代控制理论思想或实现无谐振波开关技术将会成为 PWM 控制技术发展的主要方向之一。广泛应用在从测量、通信到功率控制与变换的许多领域中。

（2）背景介绍 随着电子技术的发展，出现了多种 PWM 技术，其中包括相电压控制 PWM、随机 PWM、正弦波脉宽调制（SPWM）、线电压控制 PWM 等。而在镍氢电池智能充电器中采用的 PWM 法是把每一个脉冲宽度均相等的脉冲列作为 PWM 波形，通过改变脉冲列的周期予以调频，改变脉冲的宽度或占空比即可调压，采用适当控制方法即可使电压与频率协调变化。可以通过调整 PWM 的周期、PWM 的占空比而达到控制充电电流的目的。

模拟信号的值可以连续变化，其时间和幅度的分辨率都没有限制。例如9V电池就是一种模拟器件，因为它的输出电压并不精确地等于9V，而是随时间发生变化，并可取任何实数值。与此类似，从电池吸收的电流也不限定在一组可能的取值范围之内。模拟信号与数字信号的区别在于后者的取值通常只能属于预先确定的可能取值集合之内，例如在 ｛0V，5V｝ 这一集合中取值。

尽管模拟控制看起来可能直观而简单，但它的经济性差、容易随时间漂移、有可能严重发热，且对噪声敏感性，任何扰动或噪声都会改变电流值的大小。

而以数字方式控制模拟电路，可以大幅度降低系统的成本和功耗。此外，许多微控制器和数字信号处理已经在芯片上包含了PWM控制器，这使数字控制的实现变得更加容易。

二、脉冲宽度调制基本原理

PWM基本原理是其控制方式就是对开关器件的通断进行控制，使输出端得到一系列幅值相等的脉冲，用这些脉冲来代替正弦波或所需要的波形。也就是在输出波形的半个周期中产生多个脉冲，使各脉冲的等值电压为正弦波形，所获得的输出平滑且低次谐波少。按一定的规则对各脉冲的宽度进行调制，既可改变逆变电路输出电压的大小，也可改变输出频率。

例如，将正弦半波波形分成 N 等份，就可把正弦半波看成由 N 个彼此相连的脉冲所组成的波形。这些脉冲宽度相等，都等于 π/n，但幅值不等，且脉冲顶部不是水平直线，而是随调制信号变化的曲线的一部分，各脉冲的幅值按正弦规律变化。如果把上述脉冲序列用同样数量的等幅而不等宽的矩形脉冲序列代替，使矩形脉冲的中点和相应正弦等分的中点重合，且使矩形脉冲和相应正弦部分面积（即冲量）相等，就得到一组脉冲序列，这就是PWM波形。可以看出，各脉冲宽度是按正弦规律变化的。根据冲量相等效果相同的原理，PWM波形和正弦半波是等效的。对于正弦的负半周，也可以用同样的方法得到PWM波形。

在PWM波形中，各脉冲的幅值是相等的，要改变等效输出正弦波的幅值时，只要按同一比例系数改变各脉冲的宽度即可，因此在交－直－交变频器中，PWM逆变电路输出的脉冲电压就是直流侧电压的幅值。

根据上述原理，在给出了正弦波频率、幅值和半个周期内的脉冲数后，PWM波形各脉冲的宽度和间隔就可以准确计算出来。按照计算结果控制电路中各开关器件的通断，就可以得到所需要的PWM波形。图4-12所示为变频器输出的PWM波的实际波形。

三、脉冲宽度调制的分类

从调制脉冲的极性看，PWM又可分为单极性与双极性控制两种模式。

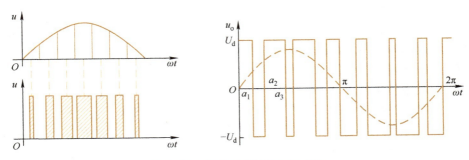

图 4-12   PWM 调制的实际波形图

（一）单极性 PWM 模式

产生单极性 PWM 模式的基本原理如图 4-13 所示。首先由同极性的三角波载波信号 u_t 与调制信号 u_c 产生单极性的 PWM 脉冲，然后将单极性的 PWM 脉冲信号与图中所示的倒相信号 U_I 相乘，从而得到正负半波对称的 PWM 脉冲信号 U_d。

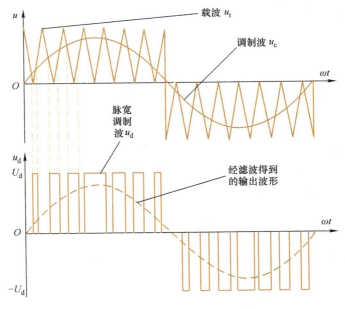

图 4-13   单极性 PWM 模式原理图

（二）双极性 PWM 模式

产生双极性 PWM 模式的基本原理如图 4-14 所示。双极性 PWM 控制模式采用的是正负交变的双极性三角载波 u_t 与调制波 u_c，可通过 u_t 与 u_c 的比较直接得到双极性的 PWM 脉冲，而不需要倒相电路。

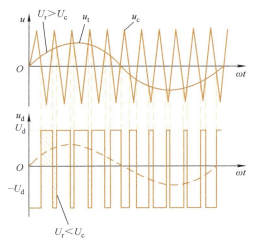

图 4-14　双极性 PWM 模式原理图

当 $u_t > u_c$ 时，调制输出为正脉冲；当 $u_t < u_c$ 时，调制输出为负脉冲。

（三）三相逆变器波形

三相逆变器的电路原理图如图 4-15 所示，三相逆变器电路波形图如图 4-16 所示。在电路图中加在六只逆变管上的信号均为开关信号，六只逆变管相当于六个开关，逆变管导通相当于开关闭合，逆变管截止时相当于开关断开。

149

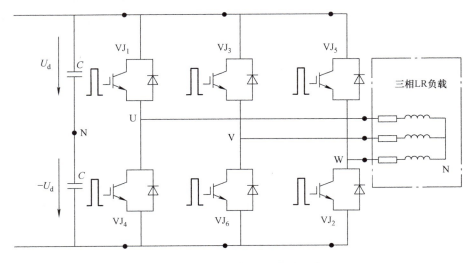

图 4-15　三相逆变器电路原理图

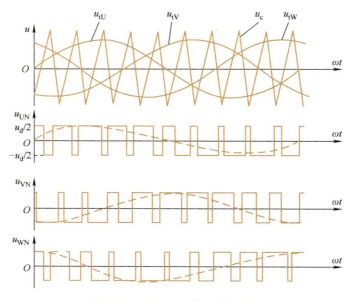

图 4-16　三相逆变器电路波形图

四、脉冲宽度调制的特点及应用

（一）平滑直流电到正弦交流电的转化

PWM 解决了平滑直流电转化为正弦交流电的问题，在逆变器中广泛应用，特别是在可再生电源（风能、太阳能）的并入电网中得到广泛应用。

（二）消除 PWM 波的射频干扰

PWM 波的频率较高（一般应用于 3～20kHz），其高次谐波的频率更高，是电磁辐射干扰的原因之一。为了消除射频干扰，变频器的输出端要求采取以下技术措施：①采用屏蔽电缆与负载连接，防止传输线路的电磁辐射；②连接交流电抗器（如无极性交流电容）进行滤波，滤除高次谐波；③接入电磁兼容性（EMC）电磁滤波器，在输出线上套入滤波磁环，以消除脉宽调制波的射频干扰。

（三）PWM 谐波的频谱

假设 PWM 波的载波频率为 f_c，基波频率为 f_s，(f_c/f_s) 称为载波比 N，对于三相变频器，当 N 为 3 的整数倍时，输出不含 3 次谐波及 3 的整数倍谐波。且谐波集中载波频率整数倍附近，即谐波次数为 $kf_c \pm mf_s$，k 和 m 为整数。

1. PWM 逆变电路谐波分析

脉冲载波对正弦信号波调制会产生和载波有关的谐波分量，这些谐波分量的频率和幅值是衡量 PWM 逆变电路性能的重要指标之一。

同步调制可以看成异步调制的特殊情况，所以只需要分析异步调制方式的谐波。以载波周期为基础，再利用贝塞尔函数可以推导出 PWM 波的傅里叶级数表达式。这种分析方法的过程相当复杂，但是结论却是简单而又直观的。

2. 单相桥式 PWM 逆变电路输出电压频谱

单相桥式 PWM 逆变电路输出电压频谱图如图 4-17 所示。

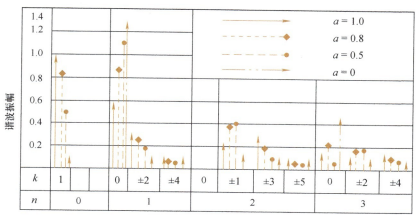

图 4-17 单相桥式 PWM 逆变电路输出电压频谱图

单相逆变电路输出电压频谱中所包含的谐波角频率为

$$n\omega_{\mathrm{c}} \pm k\omega_{\mathrm{r}} \tag{4-10}$$

式中，$n = 1$，3，5，$\cdots$ 时，$k = 0$，2，4，$\cdots$

$n = 2$，4，6，$\cdots$ 时，$k = 1$，3，5，$\cdots$

其 PWM 波中不含有低次谐波，只含有角频率为 ω_{c} 及其附近的谐波，以及 $2\omega_{\mathrm{c}}$、$3\omega_{\mathrm{c}}$ 等及其附近的谐波。幅值最高、影响最大的是角频率为 ω_{c} 的谐波分量。

3. 三相桥式 PWM 逆变电路输出电压频谱

三相桥式 PWM 逆变电路输出电压频谱图如图 4-18 所示。分析应用较多的公用载波信号时的情况，在其输出线电压中，所包含的谐波角频率为

$$n\omega_{\mathrm{c}} \pm k\omega_{\mathrm{r}} \tag{4-11}$$

式中，$n = 1$，3，5，$\cdots$ 时，$k = 3(2m - 1) \pm 1$，$m = 1$，2，$\cdots$

$n = 2$，4，6，$\cdots$ 时，$k = 6m + 1$，$m = 0$，1，$\cdots$

$k = 6m - 1$，$m = 1$，2，$\cdots$

不含有低次谐波，载波角频率 ω_{c} 整数倍的角频率也没有了，谐波中幅值较高的是 $\omega_{\mathrm{c}} \pm 2\omega_{\mathrm{r}}$ 和 $2\omega_{\mathrm{c}} \pm \omega_{\mathrm{r}}$。

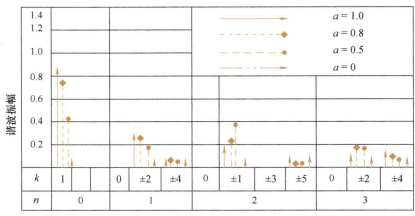

图 4-18   三相桥式 PWM 逆变电路输出电压频谱图

4. 关于 PWM 逆变中谐波的讨论

1）在实际电路中，由于采样时刻的误差以及为避免同一相上下桥臂直通而设置的死区的影响，谐波的分布情况将更为复杂，谐波含量比理想条件下要多一些，甚至还会出现少量的低次谐波。

2）SPWM 波形中所含的谐波主要是角频率为 ω_c、$2\omega_c$ 及其附近的谐波，一般情况下 $\omega_c \gg \omega_r$，是很容易滤除的。

3）当调制信号波不是正弦波，而是其他波形时，其谐波由两部分组成，一部分是对信号波本身进行谐波分析所得的结果，另一部分是由于信号波对载波的调制而产生的谐波。

4）提高直流电压利用率和减少开关次数在 PWM 型逆变电路中是很重要的。

概念：直流电压利用率是指逆变电路所能输出的交流电压基波最大幅值 U_{1m} 和直流电压 U_d 之比。

提高直流电压利用率可以提高逆变器的输出能力，减少功率器件的开关次数可以降低开关损耗。

正弦波调制的三相 PWM 逆变电路的直流电压利用率很低，电压波形如图 4-19 所示。在调制度 a 为最大值 $a = 1$ 时，输出相电压的基波幅值为 $U_d/2$，输出线电压的基波幅值为 $(\sqrt{3}/2)U_d$，即直流电压利用率仅为 0.866。实际电路工作中，考虑到功率器件的导通和关断都需要时间，如不采取其他措施，调制度不可能达到 1，实际能得到的直流电压利用率比 0.866 还要低。

5. 采用梯形波作为调制信号

当梯形波幅值和三角波幅值相等时，梯形波所含的基波分量幅值已超过了三

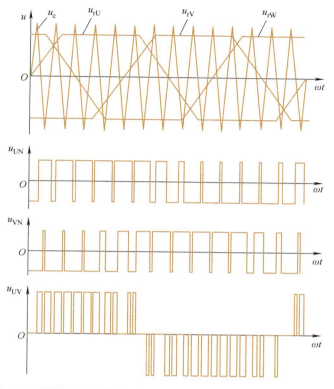

图 4-19 梯形波调制信号三相桥式 PWM 逆变电路输出电压波形图

角波幅值，可以有效地提高直流电压利用率。决定功率开关器件通断的方法和用正弦波作为调制信号波时完全相同，对梯形波的形状用三角化率 $\sigma = U_t/U_{to}$ 来描述，其中，U_t 为以横轴为底时梯形波的高，U_{to} 为以横轴为底边把梯形两腰延长后相交所形成的三角形的高。

$\sigma = 0$ 时梯形波变为矩形波，$\sigma = 1$ 时梯形波变为三角波。

由于梯形波中含有低次谐波，所以调制后的 PWM 波仍含有同样的低次谐波，设由这些低次谐波（不包括由载波引起的谐波）产生的波形畸变率为 δ，则三角化率 σ 不同时，δ 和直流电压利用率 U_{1m}/U_d 也不同。$\sigma = 0.4$ 时，谐波含量也较少，约为 3.6%，直流电压利用率为 1.03，综合效果较好，如图 4-20 所示。

用梯形波调制时，输出波形中含有 5 次、7 次等低次谐波，这是梯形波调制的缺点，实际应用时，可以考虑将正弦波和梯形波结合使用。

6. 线电压控制方式

变化控制信号的目的是使输出的线电压波形中不含低次谐波，同时尽可能提高直流电压利用率，也希望尽量减少功率器件的开关次数。

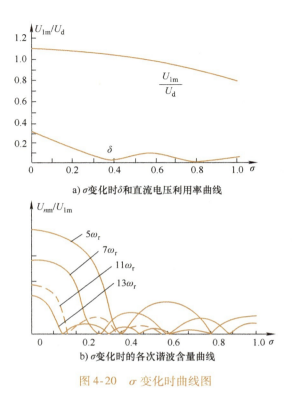

a) σ变化时δ和直流电压利用率曲线

b) σ变化时的各次谐波含量曲线

图4-20 σ 变化时曲线图

在相电压正弦波调制信号中，叠加适当大小的 3 次谐波，使之成为鞍形波，则经过 PWM 调制后逆变电路输出的相电压中也必然包含 3 次谐波，且三相的 3 次谐波相位相同，在合成线电压时，各相电压的 3 次谐波相互抵消，线电压为正弦波，如图4-21 所示。

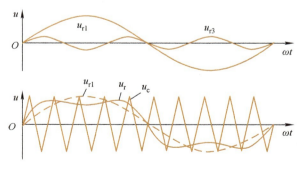

图4-21 叠加 3 次谐波的调制信号图

调制信号 u_r 成为鞍形波，基波分量 u_{r1} 的幅值更大，但 u_r 的最大值不超过三角波载波最大值。基波 u_{r1} 正峰值附近恰为 3 次谐波 u_{r3} 的负半波，两者相互抵消。可以在正弦调制信号中叠加 3 次谐波外，还可以叠加其他 3 倍频于正弦波的信号，也可以再叠加直流分量，这些都不会影响线电压。

（四）PWM 的实现

PWM 是一种对模拟信号电平进行数字编码的方法。通过高分辨率计数器的使用，方波的占空比被调制用来对一个具体模拟信号的电平进行编码。PWM 信号仍然是数字的，因为在给定的任何时刻，满幅值的直流供电要么完全有（ON），要么完全无（OFF）。电压或电流源是以一种通（ON）或断（OFF）的重复脉冲序列被加到模拟负载上去的。通的时候即是直流供电被加到负载上的时候，断的时候即是供电被断开的时候。只要带宽足够，任何模拟值都可以使用PWM 进行编码。

许多微控制器内部都包含有 PWM 控制器。占空比是接通时间与周期之比；调制频率为周期的倒数。执行 PWM 操作之前，这种微处理器要求在软件中完成以下工作：

1）设置提供调制方波的片上定时器/计数器的周期，即采样周期；

2）在 PWM 控制寄存器中设置接通时间，即采样脉冲宽度（τ）；

3）设置 PWM 输出的方向，即单相输出或双向输出。

如今几乎所有市售的单片机都有 PWM 模块功能，若没有（如早期的 8051），则也可以利用定时器及 GPIO 口来实现。可使用一般的 TI 的 2000 系列，AVR 的Mega 系列，TI 的 LM 系列 PWM 模块控制流程。

（五）PWM 的应用

PWM 是开关型稳压电源中的术语，这是按稳压的控制方式分类的，除了PWM 型，还有 PFM 型和 PWM、PFM 混合型。PWM 开关型稳压电路是在控制电路输出频率不变的情况下，通过电压反馈调整其占空比，从而达到稳定输出电压的目的。

1. PWM 软件法控制充电电流

该方法的基本思想就是利用单片机具有的 PWM 端口，在不改变 PWM 方波周期的前提下，通过软件的方法调整单片机的 PWM 控制寄存器来调整 PWM 的占空比，从而控制充电电流。该方法所要求的单片机必须具有 ADC 端口和 PWM端口这两个条件，另外 ADC 的位数要尽量高，单片机的工作速度要尽量快。在调整充电电流前，单片机先快速读取充电电流的大小，然后把设定的充电电流与实际读取到的充电电流进行比较。若实际电流偏小，则向增加充电电流的方向调整 PWM 的占空比；若实际电流偏大，则向减小充电电流的方向调整 PWM 的占空比。在软件 PWM 的调整过程中注意 ADC 的读数偏差和电源工作电压等引入的纹波干扰，合理采用算术平均法等数字滤波技术。

2. PWM 在推力调制中的应用

1962 年，Nicklas 等提出了 PWM 理论，指出利用喷气脉冲对航天器控制是简单有效的控制方案，同时能使时间或能量达到最优控制。

PWM 发动机控制方式是在每一个脉动周期内，通过改变阀门在开或关位置上停留的时间来改变流经阀门的气体流量，从而改变总的推力效果，对于质量流率不变的系统，可以通过 PWM 技术来获得变推力的效果。

PWM 通常有两种方法：第一种为整体 PWM，对控制对象进行控制器设计，并根据控制要求的作用力大小，对整个系统模型进行动态的数学解算变换，得出固定力输出应该持续作用的时间和开始作用时间；第二种为 PWM 器，不考虑控制对象模型，而是根据输入进行动态衰减性的累加，然后经过某种算法变换后，决定输出所持续的时间。这种方式非常简单，也能达到输出作用近似相同。

PWM 控制技术结构简单、易于实现、技术比较成熟，现已经将其成功地应用于远程火箭的角度稳定系统控制中。但是当调制量为零时，正反向的控制作用相互抵消，控制效率明显比变流率系统低。而且系统响应有一定的滞后，其开关的频率必须远大于 KKV 本身的固有频率，否则不但起不到调制效果，甚至还会发生灾难性后果。

3. 在 LED 中的应用

在 LED 控制中 PWM 作用于电源部分，PWM 的脉冲频率通常大于 100Hz，人眼就不会感到闪烁。

（六）PWM 的优点

PWM 的一个优点是从处理器到被控系统信号都是数字形式的，无需进行数模转换。让信号保持为数字形式可将噪声影响降到最小。噪声只有在强到足以将逻辑 1 改变为逻辑 0 或将逻辑 0 改变为逻辑 1 时，也才能对数字信号产生影响。

对噪声抵抗能力的增强是 PWM 相对于模拟控制的另外一个优点，而且这也是在某些时候将 PWM 用于通信的主要原因。从模拟信号转向 PWM 可以极大地延长通信距离。在接收端，通过适当的 RC 或 LC 网络可以滤除调制高频方波并将信号还原为模拟形式。

总之，PWM 经济、节约空间、抗噪性能强，是一种值得广大工程师在许多设计应用中使用的有效技术。

（七）PWM 的控制方法

采样控制理论中有一个重要结论，即冲量相等而形状不同的窄脉冲加在具有惯性的环节上时，其效果基本相同。PWM 控制技术就是以该结论为理论基础，对半导体开关器件的导通和关断进行控制，使输出端得到一系列幅值相等而宽度不相等的脉冲，用这些脉冲来代替正弦波或其他所需要的波形。按一定的规则对各脉冲的宽度进行调制，既可改变逆变电路输出电压的大小，也可改变输出频率。

　　PWM 控制的基本原理很早就已经提出，但是受电力电子器件发展水平的制约，在 20 世纪 80 年代以前一直未能实现。直到进入 20 世纪 80 年代，随着全控型电力电子器件的出现和迅速发展，PWM 控制技术才真正得到应用。随着电力电子技术，微电子技术和自动控制技术的发展以及各种新的理论方法，如现代控制理论，非线性系统控制思想的应用，PWM 控制技术获得了空前的发展。到目前为止，已出现了多种 PWM 控制技术，根据 PWM 控制技术的特点，到目前为止主要有以下 14 类方法。

1. 等脉宽 PWM 法（Tantamountpulse Width PWM Method）

　　可调电压/可调频率（Variable Voltage/Variable Frequency，VV/VF）装置在早期是采用脉幅调制（Pulse Amplitude Modulation，PAM）控制技术来实现的，其逆变器部分只能输出频率可调的方波电压而不能调压。等脉宽 PWM 法正是为了克服 PAM 法的这个缺点发展而来的，是 PWM 法中最为简单的一种。它是把每一个脉冲的宽度均相等的脉冲列作为 PWM 波，通过改变其周期，达到调频的效果。改变脉冲的宽度或占空比可以调压，采用适当控制方法即可使电压与频率协调变化。相对于 PAM 法，该方法的优点是简化了电路结构，提高了输入端的功率因数，但同时也存在输出电压中除基波外，还包含较大谐波分量的情况。

2. 随机 PWM 法（Stochastic PWM Method）

　　在 20 世纪 70 年代开始至 20 世纪 80 年代初，由于当时大功率晶体管主要为双极型达林顿晶体管，载波频率一般不超过 5kHz，电机绕组的电磁噪声及谐波造成的振动引起了人们的关注。为求得改善，随机 PWM 方法应运而生。其原理是随机改变开关频率使电机电磁噪声近似为限带白噪声（在线性频率坐标系中，各频率能量分布是均匀的），尽管噪声的总分贝数未变，但以固定开关频率为特征的电磁噪声强度大幅度削弱。正因为如此，即使在 IGBT 已被广泛应用的今天，对于载波频率必须限制在较低频率的场合，随机 PWM 仍然有其特殊的价值；另一方面则说明了消除机械和电磁噪声的最佳方法不是盲目地提高工作频率，随机 PWM 技术正是提供了一个分析，解决这种问题的全新思路。

3. 正弦脉宽调制法（Sinusoidal PWM Method，SPWM）

　　正弦脉宽调制法是一种比较成熟的，如今使用较广泛的 PWM 法。前面提到的采样控制理论中的一个重要结论是冲量相等而形状不同的窄脉冲加在具有惯性的环节上时，其效果基本相同。SPWM 法就是以该结论为理论基础，用脉冲宽度按正弦规律变化，而和正弦波等效的 PWM 波形，即 SPWM 波形控制逆变电路中开关器件的通断，使其输出的脉冲电压的面积与所希望输出的正弦波在相应区间内的面积相等，通过改变调制波的频率和幅值，即可调节逆变电路输出电压的频率和幅值，该方法的实现有以下五种方案：

（1）等面积法（Equal Area Method，EPWM）　该方案实际上就是 SPWM 法原理的直接阐释，用同样数量的等幅而不等宽的矩形脉冲序列代替正弦波，然后计算各脉冲的宽度和间隔，并把这些数据存于计算机中，通过查表的方式生成 PWM 信号控制开关器件的通断，以达到预期的目的。由于此方法以 SPWM 控制的基本原理为出发点，可以准确地计算出各开关器件的通断时刻，因此其所得的波形很接近正弦波，但其存在计算烦琐，数据占用内存大，不能实时控制。

（2）硬件调制法（Hardware Modulation Method，HPWM）　硬件调制法是为解决等面积法计算烦琐的缺点而提出的，其原理就是将所希望的波形作为调制信号，将接受调制的信号作为载波，通过对载波的调制得到所期望的 PWM 波形。通常采用等腰三角波作为载波，当调制信号波为正弦波时，所得到的就是 SPWM 波形。其实现方法简单，可以用模拟电路构成三角波载波和正弦调制波发生电路，用比较器来确定它们的交点，在交点时刻对开关器件的通断进行控制，就可以生成 SPWM 波。但是，这种模拟电路结构复杂，难以实现精确的控制。

（3）软件生成法（Software Generation Method，SPWM）　由于计算机技术的发展使得用软件生成 SPWM 波形变得比较容易，因此，软件生成法也就应运而生。软件生成法其实就是用软件来实现调制的方法，其有两种基本算法，即自然采样法和规则采样法。

（4）自然采样法（Natural Sampling Method，NSPWM）　以正弦波为调制波，等腰三角波为载波进行比较，在两个波形的自然交点时刻控制开关器件的通断，这就是自然采样法。其优点是所得 SPWM 波形最接近正弦波，但由于三角波与正弦波交点有任意性，脉冲中心在一个周期内不等距，因此脉宽表达式是一个超越方程，计算烦琐，难以实时控制。

（5）规则采样法（Rule Sampling Method，RSPWM）　规则采样法是一种应用较广的工程实用方法，一般采用三角波作为载波。其原理就是用三角波对正弦波进行采样得到阶梯波，再以阶梯波与三角波的交点时刻控制开关器件的通断，从而实现 SPWM 法。当三角波只在其顶点（或底点）位置对正弦波进行采样时，由阶梯波与三角波的交点所确定的脉宽在一个载波周期（即采样周期）内的位置是对称的，这种方法称为对称规则采样。当三角波既在其顶点又在底点时刻，对正弦波进行采样时，由阶梯波与三角波的交点所确定的脉宽，在一个载波周期（此时为采样周期的 2 倍）内的位置一般并不对称，这种方法称为非对称规则采样。

规则采样法是对自然采样法的改进，其主要优点就是计算简单，便于在线实时运算，其中非对称规则采样法因阶数多而更接近正弦。其缺点是直流电压利用率较低，线性控制范围较小。

以上两种方法均只适用于同步调制方式中。

4. 低次谐波消去法（Low – Harmonic Elimination Method，LhPWM）

低次谐波消去法是以消去 PWM 波形中某些主要的低次谐波为目的的方法。其原理是对输出电压波形按傅氏级数展开，表示为 $u(\omega t) = a_n \sin n\omega t$，首先确定基波分量 a_1 的值，再令两个不同的 $a_n = 0$，就可以建立三个方程，联立求解得 a_1，a_2 及 a_3，这样就可以消去两个频率的谐波。

该方法虽然可以很好地消除所指定的低次谐波，但是，剩余未消去的较低次谐波的幅值可能会相当大，而且同样存在计算复杂的缺点。该方法同样只适用于同步调制方式中。

5. 梯形波与三角波比较法（Comparison Method of Trapezoidal Wave and Triangular Wave，T – T CPWM）

前面所介绍的各种方法主要是以输出波形尽量接近正弦波为目的，从而忽视了直流电压的利用率，如 SPWM 法，其直流电压利用率仅为 86.6%。因此，为了提高直流电压利用率，提出了一种新的方法，即梯形波与三角波比较法。该方法采用梯形波作为调制信号，三角波为载波，且使两波幅值相等，以两波的交点时刻控制开关器件的通断实现 PWM 控制。

由于当梯形波幅值和三角波幅值相等时，其所含的基波分量幅值已超过了三角波幅值，因此可以有效地提高直流电压利用率。但由于梯形波本身含有低次谐波，所以输出波形中含有 5 次、7 次等低次谐波。

6. 线电压控制（Line Voltage Controller，LVPWM）

前面所介绍的各种 PWM 控制方法用于三相逆变电路时，都是对三相输出相电压分别进行控制的，使其输出接近正弦波，但是，对于像三相异步电动机这样的三相无中线对称负载，逆变器输出不必追求相电压接近正弦，而可着眼于使线电压趋于正弦。因此，提出了线电压控制 PWM，主要有以下两种方法。

7. 马鞍形波与三角波比较法（Comparison Method of Saddle – Shaped Wave and Triangle – Wave，S – T CPWM）

马鞍形波与三角波比较法也就是谐波注入 PWM 方式（HIPWM），其原理是在正弦波中加入一定比例的三次谐波，调制信号便呈现出马鞍形，而且幅值明显降低，于是在调制信号的幅值不超过载波幅值的情况下，可以使基波幅值超过三角波幅值，提高了直流电压利用率。在三相无中线系统中，由于 3 次谐波电流无通路，所以三个线电压和线电流中均不含 3 次谐波。

除了可以注入 3 次谐波以外，还可以注入其他 3 倍频于正弦波信号的其他波形，这些信号都不会影响线。这是因为经过 PWM 调制后逆变电路输出的相电压也必然包含相应的 3 倍频于正弦波信号的谐波，但在合成线电压时，各相电压中的这些谐波将互相抵消，从而使线电压仍为正弦波。

159

8. 单元脉宽调制法（Cell Pulse Width Modulation Method，CPW – PWM）

因为三相对称线电压有 $U_{uv} + U_{vw} + U_{wu} = 0$ 的关系，所以，某一线电压任何时刻都等于另外两个线电压负值之和。如今把一个周期等分为六个区间，每区间60°，对于某一线电压例如 U_{uv}，半个周期两边60°区间用 U_{uv} 本身表示，中间60°区间用 $-(U_{vw} + U_{wu})$ 表示，当将 U_{vw} 和 U_{wu} 做同样处理时，就可以得到三相线电压波形只有半周内两边60°区间的两种波形形状，并且有正有负。将这样的电压波形作为脉宽调制的参考信号，载波仍用三角波，并将各区间的曲线用直线近似（实践表明，这样做引起的误差不大，完全可行），从而可以得到线电压的脉冲波形，该波形是完全对称的，且规律性很强，负半周是正半周相应脉冲列的反相，因此，只要半个周期两边60°区间的脉冲列确定了，线电压的调制脉冲波形就唯一地确定了。这个脉冲并不是开关器件的驱动脉冲信号，但由于已知三相线电压的脉冲工作模式，因此可以确定开关器件的驱动脉冲信号。

该方法不仅能抑制较多的低次谐波，还可减小开关损耗和加宽线性控制区，同时还能带来用计算机控制的方便，但该方法只适用于异步电动机，应用范围较小。

9. 电流控制 PWM（Current – Controlled，PWM）

电流控制 PWM 的基本思想是将希望输出的电流波形作为指令信号，将实际的电流波形作为反馈信号，通过两者瞬时值的比较来决定各开关器件的通断，使实际输出随指令信号的改变而改变，其实现方案主要有以下三种。

（1）滞环比较法（Hysteresis Ring Comparison Method）　这是一种带反馈的 PWM 控制方式，即每相电流反馈回来与电流给定值经滞环比较器，得出相应桥臂开关器件的开关状态，使得实际电流跟踪给定电流的变化。该方法的优点是电路简单，动态性能好，输出电压不含特定频率的谐波分量。其缺点是开关频率不固定造成较为严重的噪声，和其他方法相比，在同一开关频率下输出电流中所含的谐波较多。

（2）三角波比较法（Triangle – Wave Comparison Method）　该方法与 SPWM 法中的三角波比较方式不同，这里是将指令电流与实际输出电流进行比较，求出偏差电流，通过放大器放大后再和三角波进行比较，产生 PWM 波。此时开关频率一定，因而克服了滞环比较法频率不固定的缺点。但是，这种方式电流响应不如滞环比较法快。

（3）预测电流控制法（Forecast – Current Control Method）　预测电流控制是在每个调节周期开始时，根据实际电流误差、负载参数及其他负载变量来预测电流误差矢量趋势，因此，下一个调节周期由 PWM 产生的电压矢量必将减小所预测的误差。该方法的优点是若给调节器除误差外更多的信息，则可获得比较快速、准确的响应。如今，这类调节器的局限性是响应速度及过程模型系数参数的准确性。

10. 空间电压矢量控制（Space Voltage Vector Control）

空间电压矢量控制 PWM（SVPWM）也叫磁通正弦 PWM 法，它以三相波形整体生成效果为前提，以逼近电机气隙的理想圆形旋转磁场轨迹为目的，用逆变器不同的开关模式所产生的实际磁通去逼近基准圆磁通。由它们的比较结果决定逆变器的开关，形成 PWM 波形。此法从电动机的角度出发，把逆变器和电机看作一个整体，以内切多边形逼近圆的方式进行控制，使电机获得幅值恒定的圆形磁场（正弦磁通）。

具体方法又分为磁通开环式和磁通闭环式。磁通开环法用两个非零矢量和一个零矢量合成一个等效的电压矢量，若采样时间足够短，则可合成任意电压矢量。此法输出电压比正弦波调制时提高 15%，谐波电流有效值之和接近最小。磁通闭环式引入磁通反馈，控制磁通的大小和变化的速度。在比较估算磁通和给定磁通后，根据误差决定产生下一个电压矢量，形成 PWM 波形。这种方法克服了磁通开环法的不足，解决了电机低速时定子电阻影响大的问题，减小了电机的脉动和噪声。但由于未引入转矩的调节，系统性能没有得到根本性的改善。

11. 矢量控制 PWM（Vector Control PWM）

矢量控制也称为磁场定向控制，其原理是将异步电动机在三相坐标系下的定子电流 $I_a I_b$ 及 I_c，通过三相/二相变换，等效成两相静止坐标系下的交流电流 I_{a1} 及 I_{b1}，再通过按转子磁场定向旋转变换，等效成同步旋转坐标系下的直流电流 I_{m1} 及 I_{t1}（I_{m1} 相当于直流电动机的励磁电流；I_{t1} 相当于与转矩成正比的电枢电流），然后模仿对直流电动机的控制方法，实现对交流电动机的控制。其实质是将交流电动机等效为直流电动机，分别对速度、磁场两个分量进行独立控制。通过控制转子磁链，分解定子电流而获得转矩和磁场两个分量，经坐标变换，实现正交或解耦控制。

但是，由于转子磁链难以准确观测，以及矢量变换的复杂性，使得实际控制效果往往难以达到理论分析的效果，这是矢量控制技术在实践上的不足。此外，它必须直接或间接地得到转子磁链在空间上的位置才能实现定子电流解耦控制，在这种矢量控制系统中需要配置转子位置或速度传感器，这显然给许多应用场合带来不便。

12. 直接转矩控制 PWM（Direct Torque Control PWM）

1985 年德国鲁尔大学 Depenbrock 教授首先提出直接转矩控制理论（Direct Torque Control，DTC）。直接转矩控制与矢量控制不同，它不是通过控制电流、磁链等量来间接控制转矩，而是把转矩直接作为被控量来控制，它也不需要解耦电机模型，而是在静止的坐标系中计算电机磁通和转矩的实际值，然后，经磁链和转矩的 Band – Band 控制产生 PWM 信号对逆变器的开关状态进行最佳控制，从而在很大程度上解决了上述矢量控制的不足，能方便地实现无速度传感器化，有很快的转矩响应速度和很高的速度及转矩控制准确度，并以新颖的控制思想，简洁明了的系统结构，优良的动静态性能得到了迅速发展。但直接转矩控制也存在缺点，如逆变器开关频率的提高有限制。

13. 非线性控制 PWM（Nonlinear Control PWM）

单周控制法又称积分复位控制（Integration Reset Control，IRC），是一种新型非线性控制技术，其基本思想是控制开关占空比，在每个周期使开关变量的平均值与控制参考电压相等或成一定比例。该技术同时具有调制和控制的双重性，通过复位开关、积分器、触发电路、比较器达到跟踪指令信号的目的。单周控制器由控制器、比较器、积分器及时钟组成，其中控制器可以是 RS 触发器，其控制中 K 可以是任何物理开关，也可是其他可转化为开关变量形式的抽象信号。

单周控制在控制电路中不需要误差综合，它能在一个周期内自动消除稳态，瞬态误差，使前一周期的误差不会带到下一周期。虽然硬件电路较复杂，但其克服了传统的 PWM 控制方法的不足，适用于各种脉宽调制软开关逆变器，具有响应速度快，开关频率稳定性好，对于高精度、高速度和高抗干扰的控制适应性强等优点，此外，单周控制还能优化系统响应，减小畸变和抑制电源干扰，是一种很有前途的控制方法。已在 DC – DC 变换器、功率因数校正、有源电力滤波器、逆变器、开关功率放大器、不间断电源、交流稳压电源、静止无功发生器、功率放大器及光伏电源最大功率点跟踪控制等方面得到广泛应用。

14. 谐振软开关 PWM（Syntony Soft Switch PWM）

传统的 PWM 逆变电路中，电力电子开关器件硬开关的工作方式，大的开关电压电流应力以及高的 du/dt 和 di/dt 限制了开关器件工作频率的提高，而高频化是电力电子主要发展趋势之一，它能使变换器体积减小、重量减轻、成本下降、性能提高，特别当开关频率在 18kHz 以上时，噪声将已超过人类听觉范围，使无噪声传动系统成为可能。

谐振软开关 PWM 的基本思想是在常规 PWM 变换器拓扑的基础上附加一个谐振网络，谐振网络一般由谐振电感、谐振电容和功率开关组成。开关转换时，谐振网络工作使电力电子器件在开关点上实现软开关过程，谐振过程极短，基本不影响 PWM 技术的实现。从而既保持了 PWM 技术的特点，又实现了软开关技术。但由于谐振网络在电路中的存在必然会产生谐振损耗，并使电路受固有问题的影响，从而限制了该方法的应用。

第五节 脉冲位置调制

一、脉冲位置调制概述

（1）概述 脉冲调制是一种不连续的周期性脉冲载波的振幅、频率、强度等受到调制信号的控制而发生变化，以达到传递信息信号的目的。脉冲位置调制的编解码方式只使载波脉冲系列中每一个脉冲产生的时间发生改变，而不改变其形状和幅度，其调制波形如图4-22所示。

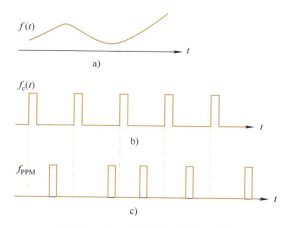

图4-22 脉冲位置调制波形示意图

（2）定义 如果调制信号只使载波脉冲系列中每一个脉冲产生的时间发生改变，而不改变其形状和幅度，且每一个脉冲产生时间的变化量与调制信号电压的幅度成比例，与调制信号的频率无关，那么这种调制称为脉冲位置调制（Pulse-Position Modulation，PPM），简称脉位调制。

二、脉冲位置调制的工作原理

脉冲位置调制原理框图如图4-23所示。

图4-24所示为采用锯齿波作为载波信号，对一连续交流信号进行脉冲位置调制的波形图。图4-24中，定时脉冲序列信号发生器产生一串等宽、等高、等周期的采样脉冲。

在采样保持电路中，采样脉冲对调制信号进行瞬时采样，得到脉冲幅度调制信号；同时将采样脉冲送至锯齿波形成电路，形成双极性的锯齿波。锯齿波的宽度与脉冲幅度调制信号的脉冲宽度相同。

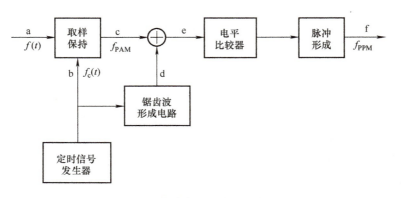

图 4-23　脉冲位置调制原理方框图

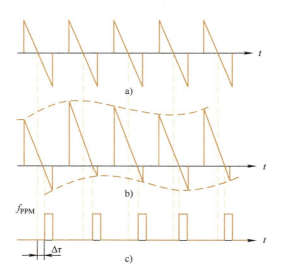

图 4-24　载波脉冲采用锯齿波的 PPM 信号形成波形图

　　脉冲幅度调制信号与锯齿波信号在加法器中相加。在电平比较器中，通过过零比较，得到与过零点对应的脉冲，再通过脉冲形成电路得到脉冲位置调制信号。

　　由图 4-24 可见，只要锯齿波的线形很好，脉冲的时延就与取样信号的取样值成正比，若以脉冲幅度调制信号的脉冲中心为基准位置，则脉冲位置调制信号的时延为

$$\Delta\tau = K_{\mathrm{PPM}}Af_{\mathrm{s}}(nT_{\mathrm{C}}) \tag{4-12}$$

三、脉冲位置调制的数学表达式

　　脉冲位置调制信号的幅度和脉冲宽度均恒定不变，脉冲的位置相对于载波脉

冲序列信号的位置产生一个 $\Delta\tau$ 的时延。

载波脉冲序列信号的时域表达式为

$$f_c(t) = \sum_{n=-\infty}^{\infty} AG_\tau(t - nT_C) \tag{4-13}$$

式中，T_C 为脉冲序列信号的重复周期；$G_\tau(t)$ 为脉冲宽度等于 τ 的门函数。

$$G_\tau \begin{cases} 1, & 0 \leqslant t \leqslant \tau \\ 0, & t < 0, \ t > \tau \end{cases} \tag{4-14}$$

脉冲位置调制的每个脉冲偏离载波脉冲序列的时延为

$$\Delta\tau = K_{PPM} \quad f_s(nT_C) \tag{4-15}$$

KPPM 是脉冲位置调制的调制灵敏度，为一个常数，则脉冲调制信号即为

$$f_{PPM}(t) = \sum_{n=-\infty}^{\infty} AG_\tau[t - nT_C - K_{PPM} \quad f_s(nT_C)] \tag{4-16}$$

1）为防止脉冲重叠到相邻的采样信号周期，载波脉冲的最大延迟时间必须小于样品周期 τ_p。

2）在一些调制系统中，在每个样品周期开始时发射一个标志脉冲以供同步。标志脉冲的持续时间一般比信息脉冲宽，以便于区别。

四、脉冲位置调制信号的解调

脉冲位置调制信号解调的原理框图如图 4-25 所示，相应各点的波形图如图 4-26 所示。

图 4-25　脉冲位置调制信号解调原理框图

为了提高脉冲位置调制信号解调的质量，往往不采用直接将脉冲位置调制信号通过过滤器，滤取出调制信号的办法，因为直接滤取出调制信号很难抑制噪声，而导致输出信噪比较低。

如图 4-26 所示波形图是将脉冲位置调制信号 f_{PPM} 首先变换成脉冲宽度调制信号 f_{PWM}，然后再将脉冲宽度调制信号变换成脉冲幅度调制信号 f_{PAM}，最后用振幅脉冲包络检波法取出原始的调制信号 $f(t)$。

图 4-27 所示为脉幅调制（PAM）、脉宽调制（PDM）及脉位调制（PPM）的信号波形比较示意图。

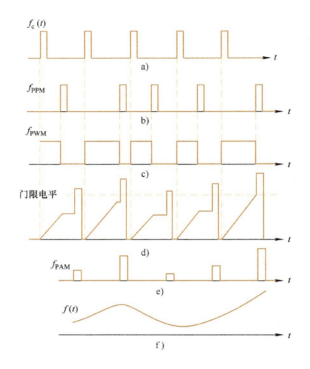

图 4-26　PPM 解调原理波形图

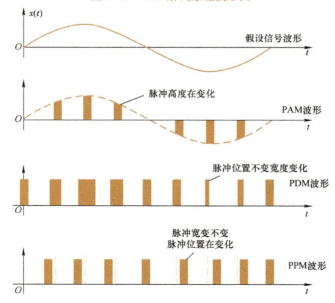

图 4-27　脉幅调制（PAM）、脉宽调制（PDM）和脉位调制（PPM）信号波形比较图

第六节 脉冲编码调制

一、脉冲编码调制概述

（1）概念 脉冲编码调制（Pulse Code Modulation，PCM） 是将需要传输的模拟信号（调制信号）经过采样、量化和编码，然后进行传输的调制方式。其调制信号一般为模拟信号，而载波信号为脉冲信号。

所谓采样，就是将连续的模拟信号按照一定的时间间隔取出一定宽度脉冲信号的过程。是将连续时间模拟信号变为离散时间、连续幅度的采样信号的过程。

所谓量化，就是将经过采样得到的瞬时脉冲值的幅度离散，即用一组规定的电平量值，将瞬时采样值用最接近规定的电平值变为离散时间、离散幅度的数字信号的过程。

所谓编码，就是用一组二进制的脉冲码组来表示一个有固定电平的量化值，即将量化后的信号编码成为一个二进制码组输出。

脉冲编码调制是一种对模拟信号数字化的编码技术，是对连续变化的模拟信号经过抽样、量化和编码过程产生数字信号的脉冲调制方式。

（2）基本用途 PCM 可以提供用户从 2M～155M 速率的数字数据专线业务，也可以提供语音、图像传送、远程教学等其他业务，特别是对于音频信号具有独特的优势。脉冲编码调制可以作为无线传输，如微波通信系统的信号调制方式；也可以作为有线传输，如同轴电缆载波通信系统、光导纤维通信技术等的信号调制方式。脉冲编码调制是现代最常用、最简单的对模拟信号的脉冲编码方式。

（3）编码方式 PCM 有两个编码方式的标准，即 A 律和 U 律。

A 律编码主要用于 30/32 路一次群系统，U 律编码主要用于 24 路一次群系统。

在语音编码调制中，PCM 对信号每秒钟采样 8000 次，每次的采样信号编码位为 8 位，所以总的占用频率为 64kbit。

PCM 应用于语音调制时，其优点就是解调后还原模拟信号的音质好；在接力传输时，基本上无噪声叠加；抗干扰能力强，保密性能好，并且易于加密处理。而缺点是技术比较复杂。PCM 是一种原理直接、可简单地理解将语音经采样、A－D 转换得到的数字均匀量化后进行编码的方法，是其派生其他 PCM 编码算法的基础。

PCM 调制经过发展和改进，现在主要有三种调制方式，即标准 PCM、差分脉冲编码调制（DPCM）和自适应差分脉冲编码调制（ADPCM）。

在标准 PCM 中，频带被量化为线性步长的频带，用于储存绝对量值。

167

在 DPCM 中储存的是前后电流值之差，因而储存量减少了约 25%。DPCM 调制也称为增量调制（ΔM）或增量脉码调制方式（DM），它是继 PCM 后出现的又一种模拟信号数字化的方法。目的在于简化模拟信号的数字化方法，有时也作为高速大规模集成电路中的 A－D 转换器使用。

ADPCM 是一种新型的脉冲编码技术，它是利用自适应技术和差值编码技术相结合的一种编解码技术。可以使 64kbit/s 的脉冲编码（PCM）信号进一步压缩为 32kbit/s 的脉冲编码数据。使传输脉冲编码所需要的带宽减少一半，提高了信道的利用效率，并且还可以使脉码调制系统的通信质量得到提高。

目前应用最多的编码调制方式仍然以标准 PCM 为主。

二、脉冲编码调制的发展历史

1948 年克劳德 E 香农（Claude E. Shannon）发表的"通信的数学理论"奠定了数字编码通信技术的基础。同年贝尔实验室的工程人员开发了 PCM 技术，至今 PCM 被视为是一种非常单纯的、无损耗编码的编码调制格式。

音频在固定间隔周期内进行采样，并量化为标准的电平值，然后按照二进制的规律将量化后的电平值编制成一组（一般取脉冲位数为 8，16 或 32 等）。

PCM 的实际应用是 20 世纪 70 年代末发展起来的，应用于记录媒体之一的 CD，20 世纪 80 年代初由飞利浦和索尼公司共同推出。PCM 的音频格式也被 DVD－A 所采用，它支持立体声和 5.1 环绕声，1999 年由 DVD 讨论会发布和推出。

PCM 的比特数从 14bit 发展到 16bit、18bit、20bit 直到 24bit；采样频率从 44.1kHz 发展到 192kHz。

PCM 这项技术可以改善和提高的方面越来越少，只是简单地增加 PCM 比特率和采样率，无法改善它的根本问题，其原因是 PCM 的主要问题在于：

1）任何脉冲编码调制数字音频系统需要在其输入端设置滤波器，仅让一定频谱范围的频率通过。虽然高端脉冲编码调制系统的频谱范围宽一些，但最高频率由于 CD 的频率范围 44.1kHz 的一半频率而确定。

2）在录音时采用多级或者串联采样的数字滤波器（降低采样频率），在重放时采用多级的内插的数字滤波器（提高采样频率），为了控制小信号在编码时的失真，两者又都加入重复定量的量化噪声。这样就限制了 PCM 技术在音频还原时的保真度。

3）为了全面改善 PCM 数字音频技术，获得更好的声音质量，就需要有新的技术来替换。飞利浦和索尼公司再次联手，共同推出一种称为直接流数字编码技术 DSD 的格式，其记录媒体为超级音频 CD，即 SACD，支持立体声和 5.1 环绕声。DSD 是 PCM 脉冲编码调制的进化版。

三、脉冲编码调制的工作原理

PCM 就是把一个时间连续、取值连续的模拟信号变换成时间离散、取值离散的数字信号后在信道中传输。PCM 就是对模拟信号先采样，再对样值幅度量化，脉冲编码的过程。

（1）采样　就是对模拟信号进行周期性扫描，将时间上连续的信号变成时间上离散的信号。该模拟信号经过采样后还应当包含原信号中所有信息，也就是说能无失真地恢复原模拟信号。它的采样速率的下限是由采样定理确定的，采样速率最小值应为被采样模拟信号最高频率的 2 倍。

（2）量化　就是把经过采样得到的瞬时值将其幅度离散，即用一组规定的电平值，将瞬时采样值用最接近的电平值来表示。一个模拟信号经过采样量化后，得到已量化的脉冲幅度调制信号，它仅为有限个数值。

（3）编码　就是用一组二进制码组来表示每一个有固定电平的量化值。然而，实际上量化是在编码过程中同时由 PCM 工作原理完成的，故编码过程也称为模 – 数变换，可记作 A – D。

语音信号先经防混叠低通滤波器，得到系统规定的最高频率以下的频谱信号，进入脉冲采样部分。在混叠低通滤波器滤波部分，因滤波器滤除了高频和一部分低频，而且由于滤波器滤波的不均匀性，所以会导致信号的部分失真。

滤波后的信号进入采样部分，使连续的模拟信号变成一定的（如 8kHz）重复频率采样的 PAM 信号，即离散的脉冲调幅 PAM 信号。由采样定理可知，只要采样频率高于模拟信号最高频率的 2 倍，离散的脉冲调幅 PAM 信号中均包含有原模拟信号的一切特征，所以经接收端解调后会还原原来经滤波后的模拟信号。

然后将幅度连续、时间离散的 PAM 信号用四舍五入方法量化成为有限个幅度取值的信号，再经有限位数编码脉冲编码后，将脉幅信号转换成等宽、等幅的二进制码。

对于电话，CCITT 规定抽样率为 8kHz，每个采样值编 8 位码，即共有 $2^8 = 256$ 个量化值，因而每话路 PCM 编码后的标准数码率是 64kbit/s。为解决均匀量化时小信号量化误差大、音质差的问题，在实际中采用不均匀选取量化间隔的非线性量化方法，即量化特性在小信号时分层密、量化间隔小，而在大信号时分层疏、量化间隔大。在实际中使用的是两种对数形式的压缩特性，即 A 律和 U 律，A 律编码主要用于 30/32 路一次群系统，U 律编码主要用于 24 路一次群系统。A 律 PCM 用于欧洲和中国，U 律 PCM 用于北美和日本。

四、脉冲编码调制的编码规则

PCM 的编码规则为对于 U 律编码的 30/32 路一次群系统，速率为

169

2.048Mbit/s。

PCM 数字接口是 G.703 标准，通过 75Ω 同轴电缆或 120Ω 双绞线进行非对称或对称传输，传输码型为含有定时关系的 HDB3 码，接收端通过译码可以恢复定时，实现时钟同步。F_b 为帧同步信号，C2 为时钟信号。数据在时钟下降沿有效，E1 接口具有 PCM 帧结构，一个复帧包括 16 个帧，一个帧为 125μs，分为 32 个时隙，其中偶帧的零时隙传输同步信息码 0011011，奇帧的零时隙传输对告码，16 时隙传输信令信息（振铃码），其他各时隙传输数据，每个时隙传输 8bit 数据。

五、其他派生的脉冲编码调制介绍

（一）差分脉冲编码调制（Differential Pulse Code Modulation，DPCM）

波形编码器的一个重要分支称为差分编码器，这一类编码器包括增量调制（DM）和差分脉冲编码调制（DPCM）。差分编码器的工作原理就是消除冗余和减熵。消除冗余是对输入样本与预测值之差进行量化，达到一定的幅值水平。因此，差分编码器的两个重要组成部分就是预测器和量化器。

DPCM 的工作原理以时刻 $k-1$ 的输出值为基础预测时刻 k 的预测值。记为 $\hat{s}(k|k-1)$，从时刻 k 的输入信号 $s(k)$ 中减去预测值，得到预测误差信号 $e(k)$，量化预测误差，然后对量化的预测误差 $eq(k)$ 进行编码，传送到接收端。$eq(k)$ 加上同样编码后的 $\hat{s}(k|k-1)$ 就得到了输入样本重构值 $\hat{s}(k)$。假定不存在信道误差，接收端可准确完成重构。在发送端和接收端，均能以时间 k 的重构值为基础预测时刻 $k+1$ 的预测值，然后重复以上的过程。

DPCM 系统的主要成分是量化器、二进制编码器/解码器和预测器。

（二）嵌入式差分脉冲编码调制（Embedded Differential Pulse Code Modulation，EDPCM）

在通信和计算机网络中，不论何时出现通信繁忙的情况，都允许网络减轻负载，这有时是一个优势。如果允许在传送数据时丢掉最不重要的位，而且信源也不用重新编码，那么这样就可以实现前面的设想，但并不是所有信源的数据表示都可以这样做而不引起重构信源的较大误差，实际上，大多数压缩数据都不能这样简单地丢弃一个位，在这些情况下应用嵌入编码的压缩方法来处理（Goodman，1980）。

（三）多脉冲线性预测编码（Multi Pulse Linear Predictive Coding，MPLPC）

多脉冲线性预测编码具有线性预测编码（LPC）和自适应差分脉冲编码调制（ADPCM）的预测编码结构，它与这些系统的不同之处在于它是一个分析 - 综合编码器，并采用感知权重设定。MPLPC 试图通过改进激励模型提高 LPC 的性能，但是不希望像 ADPCM 和其他一些波码器那样直接量化、传送预测误差。为达到这一点，MPLPC 采用几个脉冲作为一个语音帧的合成滤波器激励。脉冲数量应事先选好，但需要考虑复杂性和语音品质。一般看来，MPLPC 需要防止提取脉冲间隔。对于 16kbit/s 以下的高品质语音，其激励搜索的复杂度是可以容忍的，但需要一个间隔预测循环。

（四）　码激励线性预测编码（Code - Excited Linear Predictive Coding，CELPC）

CELPC 是在 9.6kbit/s 以下速率中广泛应用的语音编码。其目的是将多脉冲 LPC 中使用的分析 - 综合方法扩展到低比特率范围。指导思想是用有限数量的存储序列替代多脉冲激励，这个序列为码本。CELPC 中的码本编码方法基于下面两个事实：

1）用长时或短时预测清除语音信号的冗余之后，剩余信号序列相互独立可用，具有相同概率分布的随机变序列所精确模拟，这个序列称为更新序列或激励序列。

2）为了编码，可以找出有限数量的序列近似在语音片段中出现的重要激励序列，这个激励序列称为码本。

由于这两个因素，先要找出给定块的语音编码最好的长时和短时预测器，用各种可能的激励作用于它们，然后找出码本中的序列，生成与输入语音最相似的合成语音信号。长时和短时预测器信息和从码本中选出的激励序列的二进制数全都送入接收端进行合成。

Atal 和 Schroeder（1984）首次成功地证明了码激励方法的有效性。

通常，在考虑频谱的精细结构时，语音过程可由长时预测器建模，在考虑频谱范围和共振时可由短时预测器来给出基音。

在随机编码的研究中，级联预测器的激励是一个 Gaussian 分布的白噪声序列。为了用这个结构对语音编码，每 5 ~ 25ms 就要用 LPC 中的技术对长时和短时预测器编码。随机编码或 CELPC 的目标是提高 LPC 品质，提供一种对基音提取不敏感并且不依赖于清/浊音分类的方法，这和 LPC 有所不同。

在随机码本中，只需要较少码字就可以产生良好的性能，Atal 和 Schroeder 的研究可以使 1024 个码表示 40 个样本，尽管 1024 看起来很大，但如果用一个独立的二进制数表示这 40 个语音样本中的每一个，则会有 2^{10} 种可能的序列。由此看来，1024 相对要小多了，甚至有些系统的码本只有 256 个。

除了随机码本，研究者还研究了卷积码、向量量化、置换码和经验设计码本，这些在语音编码中都可以应用，有些码本对一些说话者的语音来说比其他码本要好，当然，码本中包含较多序列可以提高性能，也使复杂度和数据速率增加。

激励码本的脱机训练可以提高合成语音的品质，这似乎是一个规律。然而，最近的研究可以使码本中所有脉冲具有同样的幅值水平，合成语音品质不受影

171

响，如果找到一种方法能高效地搜索激励脉冲位置，那么编码综合分析搜索就可以大大简化。

六、关于脉冲编码调制的标准

E1 是 PCM 其中一个标准（表现形式）。由 PCM 脉码调制编码中 E1 的时隙特征可知，E1 共分为 32 个时隙 $TS_0 \sim TS_{31}$，每个时隙为 64K。

其中，TS_0 为帧同步码，Si，Sa4，Sa5，Sa6，Sa7，A 比特占用，若系统运用了 CRC 校验，则 Si 比特位置改传 CRC 校验码。

TS_{16} 为信令时隙，当使用到信令（共路信令或随路信令）时，该时隙用来传输信令，用户不可用来传输数据，所以 2M 的 PCM 码型有：

（1）PCM30 　 PCM30 用户可用时隙为 30 个，即 $TS_1 \sim TS_{15}$ 和 $TS_{17} \sim TS_{31}$。TS_{16} 传送信令，无 CRC 校验。

（2）PCM31 　 PCM30 用户可用时隙为 31 个，$TS_1 \sim TS_{15}$ 和 $TS_{16} \sim TS_{31}$。TS_{16} 不传送信令，无 CRC 校验。

（3）PCM30C 　 PCM30 用户可用时隙为 30 个，$TS_1 \sim TS_{15}$ 和 $TS_{17} \sim TS_{31}$。TS_{16} 传送信令，有 CRC 校验。

（4）PCM31C 　 PCM30 用户可用时隙为 31 个，$TS_1 \sim TS_{15}$ 和 $TS_{16} \sim TS_{31}$。TS_{16} 不传送信令，有 CRC 校验。

TS_0 即 32 个时隙中的第 0 号时隙，TS_1 即 32 个时隙中的第 1 号时隙，同理类推。

七、PCM – E1 形式结构

（一）PCM – E1 形式结构

在 PCM – E1 形式信道中，8bit 组成一个时隙（TS）；由 32 个时隙组成了一个帧（F），16 个帧组成一个复帧（MF）。

在一个帧中，TS_0 主要用于传送帧同步脉冲，为定位信号（FAS）CRC – 4（循环冗余校验）和对端告警指示。

TS_{16} 主要传送随路信令（CAS），即振铃信号，为复帧定位信号和复帧对端告警指示。

$TS_1 \sim TS_{15}$ 和 $TS_{17} \sim TS_{31}$ 共 30 个时隙，用来传送语音或数据等信息。

称 $TS_1 \sim TS_{15}$ 和 $TS_{17} \sim TS_{31}$ 为净荷，TS_0 和 TS_{16} 为开销。如果采用带外公共信道信令（CCS），TS_{16} 就失去了传送信令的用途，该时隙也可用来传送信息信号，这时帧结构的净荷为 $TS_1 \sim TS_{31}$，开销只有 TS_0。

（二）PCM – E1 形式接口

PCM – E1 形式的接口阻抗值有 G703 的 75Ω 非平衡接口和 120Ω 的平衡接口

两种。PCM – E1 形式帧结构有 PCM31/PCM30/不成帧三种。

（三）PCM – E1 的三种方法

1）将整个 2M 用作一条链路，如 DDN2M；

2）将 2M 用作若干个 64K 及其组合，如 128K、256K 等，这就是 CE1；

3）在用作语音交换机的数字中继时（这也是 E1 最本来的用途），是将一条 E1 作为 32 个 64K 来用，但是时隙 0 和时隙 15 是用作信令（即 signaling）的，所以一条 E1 可以传 30 路语音。PRI 就是其中最常用的一种接入方式，标准叫 PRA 信令。用 2611 等的广域网接口卡，经 V. 35 – G. 703 转换器接 E1 线。这样的成本比 E1 卡低，DDN 的 2M 速率线路是经 HDSL 线路拉至用户侧的。E1 可由传输设备输出的光纤拉至用户侧的光端机提供 E1 服务。

（四）PCM – E1 形式使用注意事项

PCM – E1 形式接口对接时，双方的 E1 不能有信号丢失、帧失步、复帧失步、滑码告警，但是双方在 E1 接口参数上必须完全一致，因为个别特性参数的不一致，不会在指示灯或者告警台上有任何警告，但是会造成数据通道的不通、误码、滑码、失步等情况。这些特性参数主要有阻抗、帧结构、CRC4 校验等。

（五）PCM – E1 形式和 PCM – T1 形式区别

PCM – T1 形式表示具有高质量的通话和数据传送界面，北美使用 T1 标准，其基群能够支持最多的 24 位用户同时拨号；而欧洲使用 E1 标准，其基群能够支持最多的 30 位用户同时拨号。

1）PCM – T1 形式是高速传输的另一种标准。一条 PCM – T1 形式可以同时有多个并发信道，每个信道都是一个独立的连接。美国的标准 PCM – T1 形式服务提供 24 个信道，每个信道的速率是 56K。PCM – T1 形式服务与其相应的设备，即综合服务数字网（Integrated Services Digital Network，ISDN）和普通电话相比都更加昂贵，而 PCM – E2 形式相对费却较少。

2）PCM – T1 形式通常用于需要在远程站点间连接高带宽高速率传输的大型组织。64K 专用数据线（DDL）作为 T1 服务的一个变种或一个分支服务，也提供此类服务。而一条 PCM – E1 形式线，只要有 ProxyServer 提供的缓冲功能，在同等传输下，可以比 PCM – T1 形式更有效地节省带宽。

3）PCM – T1 形式提供 23 个 B 信道和一个 D 信道，即 23B + D. 1.544Mbit/s；PCME1 形式提供 30 个 B 信道和一个 D 信道，即 30B + D. 2.048Mbit/s。

4）PCM – T1 形式表示具有高质量的通话和数据传送界面，北美使用 T1 标准，能够支持 MAX 的 24 位用户同时拨号，而欧洲使用 E1 标准，可以支持 30 位用户，PCM – T1 形式仅是 MAX 的简单接口。

5）美国、日本现行采用的是 μ 律 15 折线压扩调制，其压扩特性函数式为

$$\begin{cases} y = \dfrac{\ln(1+\mu x)}{\ln(1+\mu)}, & \mu \neq 0 \\ y = x, & \mu = 0 \end{cases} \tag{4-17}$$

6）欧洲、中国现行采用的是 A 律 13 折线压扩调制，其压扩特性函数式为

$$\begin{cases} y = \dfrac{Ax}{1+\ln A}, & 0 \leqslant x \leqslant \dfrac{1}{A} \\ y = \dfrac{1+\ln Ax}{1+\ln A}, & \dfrac{1}{A} \leqslant x \leqslant 1 \end{cases} \tag{4-18}$$

$$y = \dfrac{87.6x}{1+\ln 87.6} \approx 16x \tag{4-19}$$

7）13 折线各段与 A 律（$A=87.5$）对数曲线的近似程度见表 4-1。

表 4-1　13 折线各段与 A 律（$A=87.5$）对数曲线的近似程度对照

X	0	1/128	1/64	1/32	1/16	1/8	1/4	1/2	1
Y	0	1/8	2/8	3/8	4/8	5/8	6/8	7/8	8/8
A 律（$1/x$）	0	128	60.6	30.6	15.4	7.79	3.93	1.98	1
13 折线（$1/x$）	0	128	64	32	16	8	4	2	1
近似度（%）	—	100	94.4	95.4	96.1	97.3	98.2	99.0	100

八、脉冲编码调制系统的传输质量

以 A 律 13 折线非均匀量化的信噪比为例，说明脉冲编码调制系统的编码 – 传输质量。

对于 A 律 13 折线的非均匀量化比较均匀量化，其信噪比提高值为

$$(S/N_q)\text{非均匀量化} = (S/N_q)\text{均匀量化} + Q \tag{4-20}$$

式中，$Q = 20\lg \dfrac{\mathrm{d}y}{\mathrm{d}x}$，为信噪比改善度。

所以

$$(S/N_q)\text{均匀量化} = 20\lg\sqrt{3} \times N + 20\lg x \,(x = x_E) \tag{4-21}$$

式中，x_E 为信号有效值。

其信噪比提高值如图 4-28 和图 4-29 所示。

九、脉冲编码调制系统的设备

（一）系统结构组成

脉冲编码调制系统包括终端设备和再生中继器，其组成结构如图 4-30 所示。

除出入中继器外，基本上由发送支路和接收支路所构成。详细结构如图 4-30 所示。

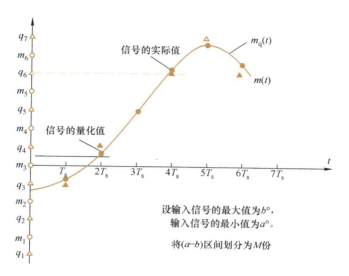

图 4-28　在 [a, b] 区间内信号的量化噪声示意图

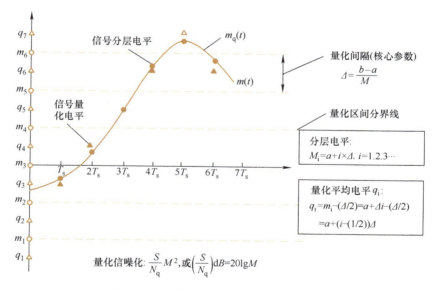

图 4-29　信号的分层电平与量化电平示意图

1）发送支路包括发定时电路、话路发电路、模拟－数字转换和汇总电路以及码型变换电路。这些电路分别起到同步、抽样、编码和码型变换（把二进制变换成适合在线路上传输的码型）的作用。

2）接收支路包括收定时电路、话路收电路、数字－模拟转换电路和码型逆

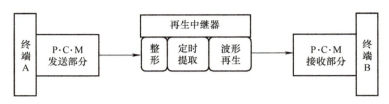

图 4-30　脉冲编码调制系统组成结构示意图

变换电路。这些电路的作用是完成发送支路的逆过程。

3）再生中继器是能够将在传输过程中变形的脉冲恢复原状的设备，它具有均衡放大（整形）、定时提取和波形再生三种功能。在线路中途加装再生中继器的数量，按照两终端设备之间的距离确定。数字通信按照复用容量可分为若干级。

（二）形态结构的特点

1）脉码调制系统采用数字脉冲来传输信息，通常传送的只是 1 或 0、正或负和脉冲的有或无，只要识别这两种状态即可，所以对传输线路中的串话、噪声等抗干扰性强。

2）脉码调制系统采用信号再生中继方式，每隔一定距离就再生出"干净"的脉冲向下一站转发，因而不积累其信号的失真。

3）脉码设备便于采用集成电路，设备的体积小而简单，且重量轻、功耗小。

4）脉码调制设备传送的是数字信号，便于加用保密装置。

5）适用于光导纤维等新的传输媒介，脉码调制的主要缺点是占用频带较宽。

十、信息脉冲调制的关键理论——采样定理

（一）概述

在脉冲编码调制中，采样定理也称作抽样定理和取样定理。与其相关的内容当时已经在很多文献，特别是数学文献里出现过。采样定理最早的描述可以追溯到 1928 年奈奎斯特的文章，在更早 1915 年起就有很多数学论文阐述过类似的思想。1933 年，苏联的 Kotel'nikov 也已在文献里讨论过通信系统中的采样问题，但是都没有作为一个通信定理提出。而一直到 1940 年才由克劳德·艾尔伍德·香农（Claude Elwood Shannon）在一篇论文《理论遗传学的代数》（*An Algebra for Theoretical Genetics*）中正式提出，所以该定理也称为香农定理。

采样的物理过程不难理解，原始的连续信号经过一个离散均匀的采样信号，转换成一组幅度不等的离散时间信号。一般采用均匀采样脉冲，如图 4-31 所示。

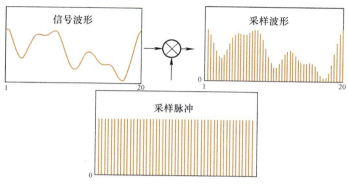

图 4-31　PCM 调制原理图

但即便是均匀采样脉冲序列，依然存在很多需要解决的问题，因为不同频率的采样脉冲对于同一个信号波形会得到不同的采样波形，如图 4-32 所示。比如，是否可以通过离散的采样序列完整无误地恢复原信号？为了恢复信号，采样脉冲序列的频率至少要达到多少？如何通过采样点重构信号？香农的采样定理很好地回答了这些问题。

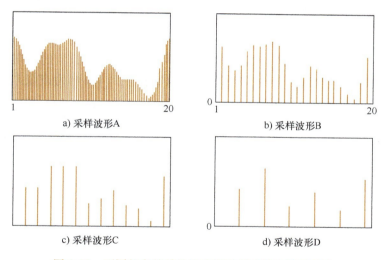

图 4-32　不同频率的采样脉冲得到不同的采样波形图

（二）采样定理

若一个连续时域函数 $g(t)$ 的频谱没有大于 $W(\mathrm{Hz})$ 的频率分量，那么这个函数可以被一组以 $1/(2W)$ 为间隔的离散取样点所确定。

通俗地说，若一个随时间变化的连续函数 $g(t)$，其最高频率为 $W(\mathrm{Hz})$，则这个函数在被离散采样时，只要每个周期 T 采集两次及以上的脉冲，最后都可以将这个时域函数解调还原。

(三) 数学证明

采样定理最初就是来源于这种直觉判断，对于这样一个基于主观直觉的判断，当然还需要给出一定的数学证明。

假定 $g(t)$ 的频谱函数为 $G(f)$，则时域函数 $g(t)$ 可由频域函数 $G(f)$ 通过傅里叶反变换计算得到。另外由于 $g(t)$ 不包含高于 $W(\mathrm{Hz})$ 的频率分量，即 $G(f) = 0$，$|f| > W$，所以可以得到以下公式：

$$g(t) = \int_{-\infty}^{\infty} G(f) \mathrm{e}^{\mathrm{j}2\pi ft} \mathrm{d}f = \int_{-W}^{W} G(f) \mathrm{e}^{\mathrm{j}2\pi ft} \mathrm{d}t \tag{4-22}$$

设定采样时刻 $t = n/(2W)$，n 为整数，则可以将式 (4-22) 转换为以下形式：

$$g\left(\frac{n}{2W}\right) = \int_{-W}^{W} G(f) \mathrm{e}^{\mathrm{j}2\pi f\frac{n}{2W}} \mathrm{d}f \tag{4-23}$$

通过式 (4-23)，可以看到在采样时刻 t 获取的样点相当于频域函数 $G(f)$ 的傅里叶展开级数的第 n 项系数，积分区间为 $[-W, W]$。因此，可以看到所有的采样点取值 $g(n/2W)$ 决定了 $G(f)$ 傅里叶展开级数的所有系数，所以 $G(f)$ 可以通过所有的采样数据确定。

频域函数 $G(f)$ 无大于 W 的频率分量，且 $|f| \leq W$ 部分完全可由 $n/2W$ 采样时刻的数据计算确定。而时域函数 $g(t)$ 和频域函数 $G(f)$ 又有唯一确定的转换关系，所以通过以 $1/2W$ 为间隔的一组采样数据，可以完整恢复原始的带限时域信号 $g(t)$，其频谱不包含高于 W 的频谱分量。通常称 $T_\mathrm{s} = 1/2W$ 为奈奎斯特采样间隔，$f_\mathrm{s} = 2W$ 为奈奎斯特采样率。

香农将当时工程技术领域里对连续信号离散处理的这种共识归纳成严格的定理描述，并给出了简洁的证明。但到此为止，采样定理仅说明了 $1/2W$ 间隔离散采样数据可以恢复原信号，但究竟该用什么方法重构时域信号呢？

(四) 如何通过采样重构

香农认为可以通过一个插值函数，结合采样数据进行线性插值运算获得原信号。如果要通过线性运算恢复信号，那么这个插值函数本身也必须是严格带限的信号，即

$$|f| \geq W \tag{4-24}$$

保证该插值函数和采样点数据线性组合获得的信号满足原带限特性。此外，还希望重构信号的一组插值函数 $p(t)$ 正好以 $1/2W$ 为间隔穿过各个采样点取值

$$p\left(t - \frac{n}{2W}\right) = \begin{cases} g\left(\dfrac{n}{2W}\right), & t = \dfrac{2}{2W} \\ 0, & t = \dfrac{n'}{2W}, \ n' \neq n \end{cases} \tag{4-25}$$

sinc 函数正好可以构成满足上述要求的插值函数，定义一个 sinc 函数 $p(t)$ 如下：

$$p(t) = \mathrm{sinc}(t) = \frac{\sin 2\pi Wt}{2\pi Wt} \tag{4-26}$$

该 sinc 函数对应的时域信号如图 4-33 所示，其中 $x = 2Wt$。

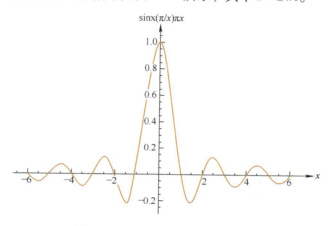

图 4-33　sinc 函数对应时域曲线图

从时域函数表达和曲线可以看到，该插值函数 $p(t)$ 仅在 $t=0$ 时有 $p(0)=1$，在其他非零的采样时刻 $t=n/2W$，都有 $p(t)=0$，因此该插值函数满足第二个条件。另外，$p(t)$ 的频域形式为

$$p(f) = \begin{cases} \dfrac{1}{2W}, & -W \leqslant f \leqslant W \\ 0, & \text{其他} \end{cases} \tag{4-27}$$

频谱满足前面提到的带限信号要求如图 4-34 所示，因此可以通过该插值函数和采样点数据重构信号

$$\hat{g}(t) = \sum_{n=-\infty}^{\infty} \left(\frac{n}{2W}\right) p\left(t - \frac{n}{2W}\right) = \sum_{n=-\infty}^{\infty} g\left(\frac{n}{2W}\right) \frac{\sin\pi(2Wt-n)}{\pi(2Wt-n)}, \ -\infty \leqslant t < \infty \tag{4-28}$$

（五）检验重构是否正确

这个重构信号是否和原信号相同呢？继续推导上式，首先将插值函数时域形式 $p(t-n/2W) = p(t-nT_s)$ 替换成其频域函数的傅里叶反变换

$$\hat{g}(t) = \sum_{n=-\infty}^{\infty} g\left(\frac{n}{2W}\right) \times \frac{1}{2W} \int_{W}^{W} e^{j2\pi(t-nt_s)} df \tag{4-29}$$

$$\hat{g}(t) = \int_{-W}^{W} \frac{1}{2W} \sum_{n=-\infty}^{\infty} g\left(\frac{n}{2W}\right) e^{-j2\pi f x t_s} e^{j2\pi ft} df \tag{4-30}$$

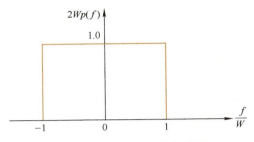

图 4-34　带限信号要求频谱图

进一步交换求和与积分的顺序

$$g_\delta(t) = \sum_{n=-\infty}^{\infty} g\left(\frac{n}{2W}\right)\delta(t - nt_s)$$

(4-31)

再回到对原信号 $f(t)$ 的时域采样过程，假定通过理想脉冲序列采样，得到离散时间序列信号，如图 4-35 所示。经傅里叶变换得到频域表达式如下：

$$G_\delta(f) = \sum_{n=-\infty}^{\infty} g\left(\frac{n}{2W}\right)e^{-j2\pi f \times nT_s}$$

(4-32)

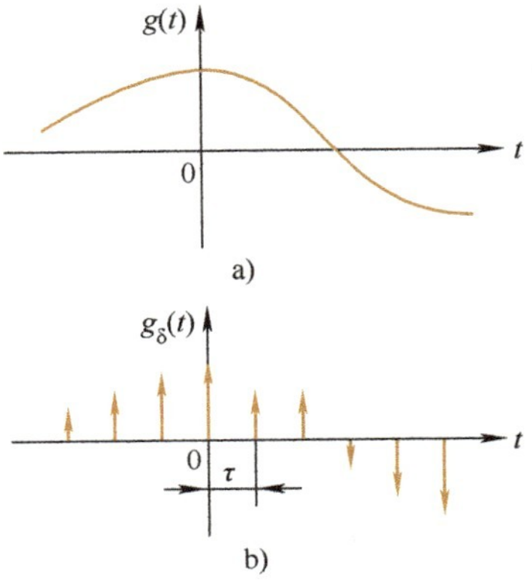

图 4-35　取样得到离散时间序列信号

离散取样信号的时频关系还可以通过理想脉冲序列的傅里叶变换关系和时频卷积关系得到频谱表达，如图 4-36 所示。

$$\sum_{n=-\infty}^{\infty} \delta(t - nT_s) \Leftrightarrow f_s \sum_{m=-\infty}^{\infty} \delta(f - mf_s)$$

(4-33)

$$G_\delta(f) = G(f) \otimes \left[f_s \sum_{m=-\infty}^{\infty} \delta(f - mf_s)\right] = f_s \sum_{m=-\infty}^{\infty} G(f - mf_s)$$

$$= f_s G(f) + f_s \sum_{\substack{m=-\infty \\ m \neq 0}}^{\infty} G(f - mf_s) = 2WG(f) + 2W \sum_{\substack{m=-\infty \\ m \neq 0}}^{\infty} G(f - mf_s)$$

(4-34)

由于原信号满足带限条件 $G(f) = 0$，$|f| > 2W$，所以可以舍去后面的求和项，进而得到以下关系式：

$$G(f) = \frac{1}{2W}G_\delta(f)，-W < f < W$$

(4-35)

将上述推导得到的关系式（4-32）和式（4-35）代入公式（4-30），根据采

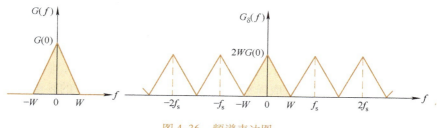

图 4-36　频谱表达图

样数据和 sinc 函数重构的信号和原信号 $g(t)$ 完全等效。

$$\hat{f}(t) = \int_W^W \frac{1}{2W} \sum_{n=-\infty}^{\infty} g\left(\frac{n}{2W}\right) e^{-j2\pi fnT_s} e^{j2\pi ft} df = \int_W^W \frac{1}{2W} \times G_\delta(f) e^{j2\pi ft} df$$

$$= \int_W^W G(f) e^{j2\pi ft} df = g(t) \tag{4-36}$$

　　综上所述，根据采样定理要求对满足带限条件的信号进行离散时间取样，结合 sinc 函数可以完整恢复原信号。这里解释了香农取样定理的两个关键内容，即对于带限的连续时间信号，需要通过何种取样方式得到离散取样点才能重构信号，以及通过样点重构原时间信号的具体方式。给出一个根据样点和插值函数，恢复原信号的示意图如图 4-37 所示，一系列样点值乘以采样函数 $\overline{g}(t)$ 叠加重构得到原信号 $g(t)$。

181

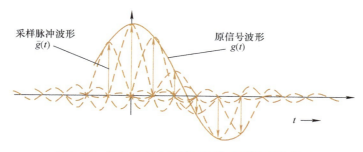

图 4-37　根据样点和插值函数恢复原信号示意图

（六）唯一性、必要性及其他

　　这一重构方案是否唯一？是否还存在其他形式的插值函数？可以假设还存在一种满足带限条件的插值函数如 $h(t)$，则这个函数肯定又可以用香农的采样函数 $p(t) = \mathrm{sinc}(2Wt)$，以 f_s 频率采样重构 $h(t)$。从而会得到一组样点值 $p(nT_s)$，其中实际只有 $p(0) = 1$。根据采样定理，通过这些样点，可以完整无误地得到 $h(t)$ 自身的重构信号，即 $h(t) = p(0)p(t) = p(t)$。所以满足条件的插值函数只有一种形式，就是 $p(t) = \mathrm{sinc}(2Wt)$。

　　采样定理说明了采样数据恢复带限信号是唯一、足够且充分的，那么这样的方案是否必要呢？可以考虑一个带通信号，最高频率分量 f_H 远大于信号带宽 B。根据香农采样定理，通过 $f_s = 2f_H$ 对信号采样可以恢复信号，但实际采样率只要略大于 $2B$，即可恢复信号。所以，如果考虑不同信号的频谱特征，很多情况下没有必要按奈奎斯特取样率获取数据，恢复信号。对于一般的低通信号，假如采样频率 $f_s < 2f_H$，即没有达到奈奎斯特取样率，属于欠采样条件，则信号的频谱就会出现混叠现象，无法完整重构信号。混叠过程示意图如图 4-38 所示。

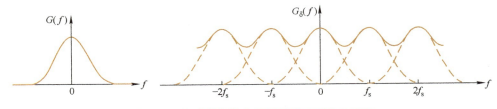

图 4-38　欠采样条件出现频谱混叠现象示意图

混叠现象不仅使得原信号无法恢复，高频部分的谱分量经过频谱搬移，还会影响到低频部分，使得信号出现畸变。一个混叠造成的频谱失真示意图如图 4-39 所示。原信号超过 $f_s/2$ 的频谱部分 a，b 和 c 经过离散采样，会搬移叠加到低频部分，导致信号畸变，重构失败。为了克服混叠，通常可以对原信号以 $f_s/2$ 进行低通滤波，滤除高于 $f_s/2$ 的频谱，或者提高采样频率。

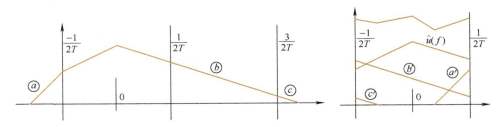

图 4-39　原信号高于 $f_s/2$ 的频谱导致信号畸变示意图

第七节　调制/解调器关键参数的设计计算归纳

一、内容概要

调制/解调器的关键参数设计计算包括几种常用的调制/解调器的设计要点、主要功能比较、调制方式、编码波形示意图、带宽要求的概算、平均发射功率的概算、误时隙率（传输误码率）的概率计算等参数的确定。

还涉及反向调制意义和作用的说明，调制最高频率的选取，关于归零码和非归零码的含义和选取原则。

以下内容还包括几种常用的调制器选用的一般原则说明：

1）在只需要语音信息交换时，可采用多路脉冲编码调制（PCM）；

2）在需要语音、图片和要求品质不高的视频信息交换时，可采用开关键控调制（OOK）；

3）在需要语音、图片和要求品质较高的视频信息交换时，可采用反向脉冲位置调制（RPPM）。

通信系统的关键在于根据系统要求对调制/解调系统的选择。

二、几种常用的调制器设计条件要点

几种常用的调制器设计条件要点见表4-2。

表4-2　几种常用的调制器设计条件要点

调制器名称/简称	英文全称	主要特点和适用条件
脉冲编码调制（PCM）	Pulse Code Modulation	时分复用和复用器的通信方式 ● 时分复用是指一种通过不同信道或时隙中的交叉位脉冲，同时在同一个通信媒体上传输多个数字化数据、语音和视频信号等的技术。电信中基本采用的信道带宽为DS0，其信道宽为64kbit/s ● 采用同步时分复用技术将24路，或32路语音通路复合在一条1.544Mbit/s或2.048Mbit/s的高速信道上，速率是1.544Mbit/s或2.048Mbit/s。北美使用的T1系统共有24个话路，每个话路取样脉冲用7bit编码，然后再加上1bit信令码元，因此一个话路占用8bit ● 帧同步码是在24路的编码之后加上1bit，这样每帧共有193bit，因此T1一次群的数据率为193×8kbit/s＝1.544Mbit/s 我国采用的是欧洲的E1标准。是30B＋2D的，速度为将它划分为32个时隙，每间隔为64kbit/s，TDMA也应用于移动无线通信的信元网络
开关键控调制（OOK）	On－Off Keying modulation	OOK是ASK调制的一个特例，把一个幅度取为零，另一个幅度为非零，就是OOK ● 二进制启闭键控（OOK）又名二进制振幅键控（2ASK），它是以单极性不归零码序列来控制正弦载波的开启与关闭，Morse码的无线电传输就是使用该调制方式 ● 由于OOK的抗噪声性能不如其他调制方式，所以该调制方式在目前的卫星通信、数字微波通信中不被采用，但是由于该调制方式的实现简单，所以在光纤通信系统中，振幅键控方式却获得广泛应用。该调制方式的分析方法是基本的，因而可从OOK调制方式入门来研究数字调制的基本理论

（续）

调制器名称/简称	英文全称	主要特点和适用条件
反向归零码开关键控调制（ROOK–RZ）	Reverse direction On – Off Keying modulation	由 OOK 调制发展而来的一种编码调制方法，改进之处为： • 采用反向编码方式，即有信号、大信号编码为 0，无信号、小信号编码为 1，便于收信端时钟频率的提取 • 每位编码完成后均归零，即回到 0 电平点
脉冲位置调制（PPM）	Pulse Position Modulation	脉冲位置调制： • 是一种脉冲位置根据被调信号的变化而变化的调制方法，即用不同时间位置的脉冲来表达 0 与 1。PPM 的编解码方式一般是使用积分电路来实现的 • 编解码则是用模 – 数（A – D）和数 – 模（D – A）转技术实现的编码电路中模 – 数转换部分将模拟信息转换成一组数字脉冲信号。由于每个通道都由 8 个脉冲组成，再加上同步脉冲和校核脉冲，因此每个信息包含了数十个脉冲信号。在这里，每一个通道都是由 8 个信号脉冲组成。其脉冲个数永远不变，只是脉冲的宽度不同 • 宽脉冲代表 1，窄脉冲代表 0。这样每个通道的脉冲就可用 8 位二进制数据来表示，共有 256 种变化。接收机解码电路收到这种数字编码信号后，再经过数 – 模转换，将数字信号还原成模拟信号
反向脉冲位置调制（RPPM）	Reversedirection Pulse Position Modulation	反向脉冲位置调制是一种脉冲位置根据被调信号的变化而变化的调制方法，即用不同时间位置的脉波来表达 0 与 1。是 PPM 的编解码方式的一种改进调制方式。其二者差别在于 RPPM 为反向编码，使传输线路工作是否正常的判断、接收端时钟频率的提取更容易
反向差分脉冲位置调制（RDPPM）	Reverse direction Differential Pulse – Position Modulation	反向差分脉码调制的主要特点为： • 将输入信号的抽样值与信号的预测值相比较，再对两者的差值进行编码的脉码调制 • 反向脉冲调制（有、无信号，大、小信号调制结果反向）

三、几种主要调制器主要功能比较

几种主要调制器主要功能比较见表 4-3。

表4-3 几种主要调制器主要功能比较表

调制方式	代号	繁简程度	带宽效率	平均发射功率	误时隙率
脉冲编码调制	PCM	多路通信,结构相对简单,严格的时钟及各路同步	$B_{PCM} = 1.544 \text{Mbit/s}$(24路时)要求带宽低,几兆级别	需要发射功率较低	信噪比:$R_{SN} \geq 23\text{dB}$(在输入信号电平在$+3 \sim -37\text{dB}$范围内)
开关键控调制	OOK	结构相对简单	$B_{OOK} = R_b$ 要求带宽最低	$P_{OOK} = P_t / 2$ 需要发射功率最低	计算见式(4-54)
反向归零码开关键控调制	ROOK – RZ	结构相对简单	$B_{ROOK} = B_{OOK}/\tau_p$ 要求带宽一般	$P_{ROOK} = P_{OOK} \times (1 + \tau_p)$ 需要发射功率较高	计算见式(4-56)
反向脉冲位置调制	RPPM	严格的时钟同步	$B_{RPPM} = B_{OOK}{}^{2M}/M$ 要求带宽最宽	$P_{RPPM} = [P_{OOK} \times (2^M - 1)]/2^{(M-1)}$ 需要发射功率最高	误时隙率最小 计算见式(4-55)
反向差分脉冲位置调制	RDPPM	结构介于一般	$B_{RDPPM} = [B_{OOK}(2^M + 1)]/2M$ 要求带宽中等,与RDPIM几乎相同	$P_{RDPPM} = [2P_{OOK}(2^M - 1)]/(2^M + 1)$ 需要发射功率较高,趋近于2	误时隙率最大 计算见式(4-57)
反向数字脉冲间隔调制	RDPIM	结构介于一般	$B_{RDPIM} = [B_{OOK}(2^M + 3)]/2M$ 要求带宽中等,与RDPPM几乎相同	$P_{RDPIM} = [2P_{OOK}(2^M + 1)]/(2^M + 3)$ 需要发射功率较高,趋近于2	误时隙率最大 计算见式(4-58)

185

四、几种主要调制方式的编码波形示意图

几种主要调制方式的编码波形示意图见图4-40。

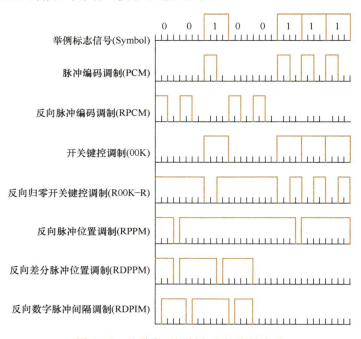

图4-40　几种主要调制方式的编码波形

五、几种主要调制系统带宽要求的概算

（一）几种主要调制系统带宽的概算

带宽通常用功率密度的主瓣宽度来估算，为 $\sin C$ 函数。因为在高速编码及传输的通信脉冲时隙宽度很窄，所以可用此时隙宽度脉冲的倒数来近似求得信号的带宽。例如以 R_b 的信息传送率发送信号，则 OKK 所需要的带宽与脉冲时隙宽度成反比，为

$$B_{OOK} = \frac{1}{T_{OOK}} = R_{b \cdot OOK} \tag{4-37}$$

经推算，以表4-4列出各种调制方式所需要的带宽。

各调制方式相对 OOK 调制的归一化带宽需求如图4-41所示，可见，RPPM、RDPPM、RDPIM 的带宽需求均随着调制阶数的增加而增大，其中 RDPPM 和 RD-

PIM 的带宽几乎一致。RPPM 的带宽要求最高，OOK 的带宽要求最低。

表 4-4 R_b 给定时，OOK、ROOK – RZ、RPPM、RDPPM 和 RDPIM 的带宽需求

调制方式	带宽
OOK	$B_{OOK} = R_b$
ROOK – RZ	B_{OOK}/τ_p
RPPM	$B_{OOK}(2^M/M)$
RDPPM	$[B_{OOK}(2^M+1)]/2M$
RDPIM	$[B_{OOK}(2^M+3)]/2M$

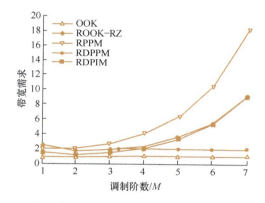

图 4-41　归一化的 OOK、ROOK – RZ、RPPM、RDPPM 和
RDPIM 的带宽需求比较曲线图

从以上五个算式中可见，以 B_{OOK} 为基数，OOK 调制所占用的带宽最窄，RPPM 调制所占用的带宽最宽；而 RDPPM 调制、RDPIM 调制所占用的带宽几乎相同，介于中间。在具体选用时可根据需要和可给定的频段宽度选用。

（二）几种主要调制系统平均发射功率和峰值功率的概算

在二进制信息传输中，由于信息 1 与信息 0 的出现概率是随信息变化而随机变化的，所以要比较各种调制方式的发射功率的大小，就需在相同条件下进行比较。

在峰值功率相同的条件下，发射一个相同符号时，各种调制方式的平均发射功率不同。以下设峰值功率为 P_t，以及二进制信息的比特 0 和 1 等概率出现，则 OOK 的平均功率为 $P_{OOK} = P_t/2$。

同理，其他调制方式的平均发射功率见表 4-5，其各种调制方式的平均发射功率曲线如图 4-42 所示。可见，对于 RPPM、RDPPM 和 RDPIM 随着调制阶数 M 的增加归一化平均发射功率逐渐趋近于最大值 2。当调制阶数相等时，RPPM 的

功率高于其他调制方式。

从以上平均发射功率计算可知，随着 M 的增加，归一化平均功率对于 RPPM 调制、RDPPM 调制和 RDPIM 调制的平均发射功率为 2。当调制阶数 M 相同时，RPPM 调制的平均发射功率高于其他调制方法。

表 4-5　给定发射功率 P_S 时，OOK、ROOK–RZ、
RPPM、RDPPM 和 RDPIM 的平均发射功率

调制方式	平均发射功率
OOK	$P_{OOK} = P_t/2$
ROOK–RZ	$P_{OOK}(1+\tau_p)$
RPPM	$P_{OOK}(2^M-1)/2^{M-1}$
RDPPM	$[2P_{OOK}(2^M-1)] / (2^M+1)$
RDPIM	$[2P_{OOK}(2^M+1)] / (2^M+3)$

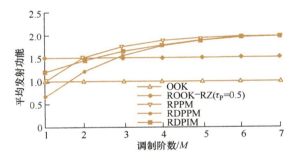

图 4-42　归一化的 OOK、ROOK–RZ、RPPM、RDPPM 和
RDPIM 的平均发射功率比较图

为了计算具有代表性，假设各种调制制式的平均功率 P_{avg} 相等，则各种调制制式的峰值功率如下：

1）开关键控调制方式（OOK）峰值功率为

$$P_{0-P.OOK} = 2P_{avg} \tag{4-38}$$

2）反向归零码键控调制方式（ROOK–RZ）峰值功率为

$$P_{0-P.ROOK-RZ} = \frac{2P_{avg}}{1+\tau_p} \tag{4-39}$$

3）反向相位脉冲调制（RPPM）峰值功率为

$$P_{0-P.RPPM} = \frac{2^M P_{avg}}{2^M-1} \tag{4-40}$$

4）反向差分脉冲位置调制方式（RDPPM）峰值功率为

$$P_{0-P.\,\mathrm{RDPPM}} = \frac{2P_{\mathrm{avg}}(2^M + 1)}{2^M - 1} \tag{4-41}$$

5）反向数字脉冲间隔调制方式（RDPIM）峰值功率为

$$P_{0-P.\,\mathrm{RDPIM}} = \frac{2P_{\mathrm{avg}}(2^M + 3)}{2^M + 1} \tag{4-42}$$

（三）几种主要调制系统误时隙率（传输误码率）的概率计算

在通信中，其噪声主要为散弹噪声，即所谓的白噪声（AGWN），所以其产生与信号无关。在无背景噪声或背景噪声很弱时，其噪声主要来自前置放大器，噪声形式同样可视为 AGWN。但是要注意周边大功率电器产生的电磁波的干扰。此时的信道模型即可看成基带线性系统模型，其时间噪声模型为

$$Y(t) = RX(t) \otimes h(t) + n(t) \tag{4-43}$$

式中，R 为探测器响应度；$h(t)$ 为冲激响应度；$\otimes$ 表示卷积；$n(t)$ 为 AGWN 的响应度。

设定各种调制方式在同一平均功率 P_{avg} 相等且接收带宽没有限制很宽的前提下，则门限判决器输入端就会得到 $X(t)$ 为

在发送脉冲时

$$X(t) = \sqrt{P_{\mathrm{t}}} \tag{4-44}$$

在不发送脉冲时

$$X(t) = \sqrt{P_{\mathrm{t}} + n(t)} \tag{4-45}$$

式中，P_{t} 为门限判决器输入端的允许信号峰值功率。

设判决门限值为 b，则调制系统将有脉冲时隙误判为无脉冲时隙的概率为

$$P_{\mathrm{el}} = \left(\frac{1}{2}\right)\left[1 + \mathrm{erfc}\left(\frac{b - \sqrt{P_{\mathrm{t}}}}{\sqrt{2\sigma_n^2}}\right)\right] = \left(\frac{1}{2}\right)\mathrm{erfc}\left(\frac{\sqrt{P_{\mathrm{t}}} - b}{\sqrt{2\sigma_n^2}}\right) \tag{4-46}$$

对于 RPPPM 调制

$$P_0 = \frac{1}{2^M}, \quad P_1 = 2^M - \frac{1}{2^M} \tag{4-47}$$

对于 RDPPM 调制

$$P_0 = \frac{2}{2^M}, \quad P_1 = 2^M - \frac{1}{2^M} + 1 \tag{4-48}$$

对于 RDIM 调制

$$P_0 = \frac{2}{2^M} + 3, \quad P_1 = 2^M + \frac{1}{2^M} + 3 \tag{4-49}$$

式中，P_0，P_1 分别为等概率发送 0，1 时所对应的无脉冲误码概率和有脉冲误码概率，且 $P_0 + P_1 = 1$。

定义信噪比为

$$P_{\text{se. RPPM}} = \frac{(2^M-1)\left\{\operatorname{erfc}\left[2^{\frac{(M+1.5)}{2}}(2^M-1)^{-\frac{1}{2}}R_{\text{SN}}^{\frac{1}{2}}-(2^M-1)^{\frac{1}{2}}2^{-\frac{M+\frac{1}{2}}{2}}\ln(2^M-1)^{-1}R_{\text{SN}}^{-\frac{1}{2}}\right]\right\}}{2^M+1} +$$

$$\frac{\operatorname{erfc}\left[2^{\frac{(M+1.5)}{2}}(2^M-1)^{-\frac{1}{2}}R_{\text{SN}}^{\frac{1}{2}}+(2^M-1)^{\frac{1}{2}}2^{-\left(M+\frac{1}{2}\right)}{2}\ln(2^M-1)^{-1}R_{\text{SN}}^{-\frac{1}{2}}\right]}{2^M+1} \tag{4-55}$$

3）反向归零码开关键控调制（ROOK – RZ）系统误时隙率为

$$P_{\text{se. ROOK – RZ}} = 2^{-1}\operatorname{erfc}\left[2^{-1}(1+\tau_{\text{p}})^{-\frac{1}{2}}R_{\text{SN}}^{\frac{1}{2}}\right] \tag{4-56}$$

4）反向差分脉冲位置调制（RDPPM）系统误时隙率为

$$P_{\text{se. RDPPM}} = \frac{\left\{(2^{(M-1)}-0.5)\operatorname{erfc}\left[(2^M+1)^{\frac{1}{2}}(2^{(M+2)}-4)^{-\frac{1}{2}}R_{\text{SN}}^{\frac{1}{2}}-(2^M-1)^{\frac{1}{2}}(2^{(M+2)}+4)^{\frac{1}{2}}\ln(2^{(M-1)}-0.5)^{-1}R_{\text{SN}}^{-\frac{1}{2}}\right]\right\}}{2^M+1} +$$

$$\frac{\operatorname{erfc}\left[(2^M+1)^{\frac{1}{2}}(2^{(M+2)}-4)^{-\frac{1}{2}}R_{\text{SN}}^{\frac{1}{2}}+(2^M+1)^{\frac{1}{2}}(2^{(M+2)}+4)^{\frac{1}{2}}\ln(2^{(M-1)}-0.5)^{-1}R_{\text{SN}}^{-\frac{1}{2}}\right]}{2^M+1} \tag{4-57}$$

5）反向数字脉冲间隔调制（RDPIM）系统误时隙率为

$$P_{\text{se. RDPIM}} = \frac{\left\{(2^{(M-1)}-0.5)\operatorname{erfc}\left[(2^M+3)^{\frac{1}{2}}(2^{(M+2)}+4)^{-\frac{1}{2}}R_{\text{SN}}^{\frac{1}{2}}-(2^M+1)^{\frac{1}{2}}(2^{(M+2)}+6)^{\frac{1}{2}}\ln(2^{(M-1)}+0.5)^{-1}R_{\text{SN}}^{-\frac{1}{2}}\right]\right\}}{2^M+3} +$$

$$\frac{\operatorname{erfc}\left[(2^M+3)^{\frac{1}{2}}(2^{(M+2)}+4)^{-\frac{1}{2}}R_{\text{SN}}^{\frac{1}{2}}+(2^M+1)^{\frac{1}{2}}(2^{(M+2)}+6)^{\frac{1}{2}}\ln(2^{(M-1)}+0.5)^{-1}R_{\text{SN}}^{-\frac{1}{2}}\right]}{2^M+3} \tag{4-58}$$

在 M 值一定的情况下，RDPPM 调制和 RDPIM 调制的误时隙率最大，而 RP-PM 调制的误时隙率最小。

六、结论

从信息传输质量的主要品质之一，即调制/解调和传输所产生的误码率，也就是接收信息失真的程度，是其系统主要考虑的因素。所以在对系统结构的繁简、平均发射功率等因素没有严格要求时，由于可见光的频段很宽，且系统一般均为局域网，所以对频带宽度要求可暂时不予以考虑。综合以上分析，可见光通信的调制/解调部分所采用的方法可做如下选择：

1）在只需要语音信息交换时，可采用多路脉冲编码调制（PCM）；

2）在需要语音、图片和要求品质不高的视频信息交换时，可采用开关键控调制（OOK）；

3）在需要语音、图片和要求品质较高的视频信息交换时，可采用反向脉冲位置调制（RPPM）。

附　　录

附录 A　本书名词术语及解释

1. 信源（Information Source，IS）

信源是通信系统的起点，其产生数据并且对这些数据进行调制或编码，产生适用于信道传输的调制信号，即为需要发送的信息，一般分为模拟信号和数字信号两大类，即信息的发布者。

2. 信道（Information Channel，IC）

信道是从信源进入信宿的通道，一般分为有线通信和无线通信两大类。信道的传输质量影响信号的接收与解调，在信道中会产生信号强度的衰减、信号形状的改变和噪声的产生。

3. 信宿（Information End – result，IE）

信宿是信息系统的传输终端，从信道中接收信号，通过解码、解调或放大得到信源端产生的原始数据，即信息的接收者。

4. 信源编码（source encoding）

进行模–数转换，信源解码是信源编码的逆过程。

信源编码是一种以提高通信有效性为目的，对信源符号进行变换，就是针对信源输出符号序列的统计特性来寻找的某种方法，将信源输出符号序列变换为最短的码字序列，使后者的各码元所承载的平均信息量最大，同时又能保证无失真地恢复原来的符号序列。

5. 信息编码（information coding）

为了方便信息的储存、检索和使用，在进行信息处理时赋予信息元素以代码的过程，即用不同的代码与各种信息中的基本单位组成部分建立一一对应的关系。信息编码必须标准、系统化。

6. 信道编码（channel encoding）

信道编码是在数据传输、数据储存中所采取的降低系统差错率，提高系统可

附　录

附录 A　本书名词术语及解释

1. 信源（Information Source，IS）

信源是通信系统的起点，其产生数据并且对这些数据进行调制或编码，产生适用于信道传输的调制信号，即为需要发送的信息，一般分为模拟信号和数字信号两大类，即信息的发布者。

2. 信道（Information Channel，IC）

信道是从信源进入信宿的通道，一般分为有线通信和无线通信两大类。信道的传输质量影响信号的接收与解调，在信道中会产生信号强度的衰减、信号形状的改变和噪声的产生。

3. 信宿（Information End – result，IE）

信宿是信息系统的传输终端，从信道中接收信号，通过解码、解调或放大得到信源端产生的原始数据，即信息的接收者。

4. 信源编码（source encoding）

进行模 – 数转换，信源解码是信源编码的逆过程。

信源编码是一种以提高通信有效性为目的，对信源符号进行变换，就是针对信源输出符号序列的统计特性来寻找的某种方法，将信源输出符号序列变换为最短的码字序列，使后者的各码元所承载的平均信息量最大，同时又能保证无失真地恢复原来的符号序列。

5. 信息编码（information coding）

为了方便信息的储存、检索和使用，在进行信息处理时赋予信息元素以代码的过程，即用不同的代码与各种信息中的基本单位组成部分建立一一对应的关系。信息编码必须标准、系统化。

6. 信道编码（channel encoding）

信道编码是在数据传输、数据储存中所采取的降低系统差错率，提高系统可靠性的一种数字处理技术，即将数字信号变成合适于信道传输的码型。

7. 频带（wave band）

信号在频域分布情况。

8. 频带宽度（wave band bandwidth）

信号在频域的分布范围，有两种理解，一是频带宽度；二是通常理解的最大传输速率，因为信道带宽决定传输速率的上限。

1）带宽原本指某个信号具有的频带宽度，即最高频率与最低频率之差，单位是赫兹（Hz）。

2）计算机网络中，带宽用来表示网络的通信线路传送数据的能力，通常指单位时间内从网络中的某一点到另一点所能通过的最高数据率。单位是比特/秒，单位可为 bit/s，kbit/s，Mbit/s，Gbit/s，即网络设备所支持的最高速度。

9. 信道带宽（channel bandwidth）

信道带宽是限定允许通过该信道的信号下限频率和上限频率，也就是限定了一个频率通带。

比如一个信道允许的通带为 1.5~15kHz，则其带宽为 13.5kHz，这个方波信号的所有频率成分能从该信道通过，如果不考虑衰减、时延以及噪声等因素，则通过此信道的信号会毫不失真。信道带宽即为 $W = f_2 - f_1$，其中 f_1 是信道能通过的最低频率，f_2 是信道能通过的最高频率。两者都是由信道的物理特性决定的。只要最低频率分量和最高频率分量都在该频率范围内的任意复合信号，都能通过该信道。此外，频率为 1.5kHz、4kHz、6kHz、9kHz、12kHz，15kHz 以及信道任意在该频带范围内的各种单频波也可以通过该信道。然而，如果是一个基频为 1kHz 的方波，那么通过该信道时失真会很严重；方波信号若基频为 2kHz，但最高谐波频率为 18kHz，带宽超出了信道带宽，那么 9 次谐波会被信道滤除，通过该信道接收到的方波没有发送的质量好。如果方波信号基频为 500Hz，最高频率分量是 11 次谐波，频率为 5.5kHz，其带宽只需要 5kHz，远小于信道带宽，那么是否就能很好地通过该信道呢？其实，该信号在信道上传输时，基频被滤掉了，仅各次谐波能够通过。

193

10. 有线信道（wired channel）

常见的有线通信信道以导线为传输媒质，信号沿导线进行传输，信号的能量集中在导线附近，因此传输效率高，但是部署不够灵活。这一类信道使用的传输媒质主要有四类，即明线（open wire）、对称电缆（symmetrical cable）、同轴电缆（coaxial cable）和光纤（optical fiber）。

11. 无线信道（wireless channel）

常见的无线通信信道主要有以辐射无线电波为传输方式的无线电信道和在水下传播声波的水声信道等。

无线电信号由发射机的天线辐射到整个自由空间上进行传播。不同频段的无线电波有不同的传播方式，主要传播方式如下：

1）地波传输：地球和电离层构成波导，中长波、长波和甚长波可以在天然波导内沿着地面传播并绕过地面的障碍物。长波可以应用于海事通信，中波调幅广播也利用了地波传输。

2）天波传输：短波、超短波可以通过电离层形成的反射信道和对流层形成的散射信道进行传播，短波电台就利用了天波传输方式。天波传输的距离最长可以达到400km左右。电离层和对流层的反射与散射，形成了从发射机到接收机的多条随时间变化的传播路径，电波信号经过这些路径在接收端形成相长或相消的叠加，使得接收信号的幅度和相位呈随机变化，这就是多径信道的衰落，这种信道被称作衰落信道。

3）视距传输：对于超短波、微波等更高频率的电磁波，通常采用直接点对点的直线传输。由于波长很短，无法绕过障碍物，因此视距传输要求发射机与接收机之间没有物体阻碍。由于地球曲率的影响，视距传输的距离有限，最远传输距离 d 与发射天线距地面的高度 h 满足。如果要进行远距离传输，就必须设立地面中继站或卫星中继站进行接力传输，这就是微波视距中继和卫星中继传输。光信号的视距传输也属于此类。

4）水体传输：由于电磁波在水体中传输的损耗很大，所以在水下通常采用声波的水声信道进行传输。不同密度和盐度的水层形成的反射、折射作用和水下物体的散射作用，使得水声信道也是多径衰落信道。

无线信道在自由空间（对于无线电信道来说是大气层和太空，对于水声信道来说是水体）上传播信号，能量分散，传输效率较低，并且很容易被他人截获，安全性差。但是通过无线信道的通信摆脱了导线的束缚，因此无线通信具有有线通信所没有的高度灵活性。常见的无线通信方式，如手机和手机之间通电话，计算机之间通过蓝牙互传信息，这些都是经过无线方式进行通信的。

在某种意义上，磁带、光盘、磁盘等数据存储媒质也可以被看作是一种通信信道。将数据写入存储媒质的过程等效于发射机将信号传输到信道的过程，将数据从存储媒质读出的过程等效于接收机从信道接收信号的过程。

12. 广义信道（generalized channel）

广义信道按照其功能进行划分，可以分为调制信道和编码信道两类。

调制信道是指信号从调制器的输出端传输到解调器的输入端经过的部分。信号在调制信道上经过的传输媒质和变换设备都对信号做出了某种形式的变换，这一系列变换的输入与输出之间的关系，通常用多端口时变网络作为调制信道的数学模型进行描述。

编码信道是指数字信号由编码器输出端传输到译码器输入端经过的部分。编码器输出的数字序列经过编码信道上的一系列变换之后，在译码器的输入端成为另一组数字序列，编码器输出的数字序列与到译码器输入的数字序列之间的关系，通常用多端口网络的转移概率作为编码信道的数学模型进行描述。

13. 速率（rate）

速率是连接在计算机网络上的主机在数字信道上传递数据位数的数据率，或称数据传输率，或比特率。按照数学进制计算单位是 bit/s（比特每秒），kbit/s（千比特每秒），Mbit/s（兆比特每秒），Gbit/s（吉比特每秒），Tbit/s（太比特每秒）等。1kbit/s = 1000bit/s，1Mbit/s = 1000kbit/s。

14. 存储容量（Storage Capacity，SC）

存储容量是指存储器可以容纳的二进制信息量，用存储器中存储地址寄存器 MAR 的编址数与存储字位数的乘积表示。

网络上的所有信息都是以位（bit）为单位传递的，一个位就代表一个 0 或 1。

每 8 个位（bit）组成一个字节（byte）。如一个英文字母就占用一个字节，也就是 8 位（8bit），一个汉字占用两个字节（16bit）。一般位简写为小写字母 bit，字节简写为大写字母 B。

所表示的进制为 1B = 8bit（1Byte = 8bit，1 字节 = 8 位），1KB = 1024B，1MB = 1024KB，1GB = 1024MB，1TB = 1024GB。

15. 信道容量（channel capacity）

信道容量是信道能够无差错传输的最大平均信息速率。信息论里面是信道能无失真传输的最大信息量，互信息的最大值。信道容量是信道的一个参数，反映了信道所能传输的最大信息量，其大小与信源无关。对于不同的输入概率分布，互信息一定存在最大值。将这个最大值定义为信道的容量，一旦转移概率矩阵确定以后，信道容量也完全确定了。尽管信道容量的定义涉及输入概率分布，但信道容量的数值与输入概率分布无关。将不同的输入概率分布称为试验信源，对不同的试验信源，互信息也不同，其中必有一个试验信源使互信息达到最大，这个最大值就是信道容量。

信道容量有时也表示为单位时间内可传输的二进制位的位数（称信道的数据传输速率，位速率），以位/秒（bit/s）形式予以表示，简记为 bit/s。

单位符号的信道容量：$C = 1/2\log(1 + P/N)$ 比特/符号。

单位时间的信道容量：$C = w\log(1 + P/N)$ 比特/秒。

官方标准：1B = 8bit；

$\qquad$ 1KB = 1024B = 1024 × 8bit = 8192bit；

$\qquad$ 1MB = 1024KB = 1024 × 8kbit = 8192kbit；

$\qquad$ 1GB = 1024MB = 1024 × 8Mbit = 819Mbit；

195

1024 在二进制内是无限接近千的数字。

示例：$1Mbit/s = 1024/8KB/s = 128KB/s$，1 兆带宽的上限传输速度；

$100Mbit/s = 128KB/s \times 100 = 12800KB/s = 12.5MB/s$，100 兆带宽的上限传输速度；

$1000Mbit/s = 12.5MB/s \times 10 = 125MB/s$，1000 兆带宽传输上限速度。

16. 传输速率（transmission speed）

单位时间平均传输的比特数也叫作系统容量或者和速率，即泛指数据从一点向另一点传输的速率。

如从网络节点向打印服务器传输打印数据的速率，Modem 对数据传输的速率，信道传输数据的速率等。传输速率以 bit/s（bit per second，比特/秒）为单位。

17. 码元传输速率（code element transmission rate）

携带数据信息的信号的单元叫作码元，每秒钟通过信道传输的码元数称为码元传输速率，记作 rs，单位是波特（Bd），简称波特率。码元传输速率又称为调制速率。

18. 比特传输速率（bit transmission rate）

每秒钟通过信道传输的信息量称为比特传输速率，记作 rb，单位是比特/秒（bit/s），简称比特率。

19. 消息传输速率（message transmission rate）

每秒钟从信息源发出的数据比特数（或字节数）称为消息传输速率，单位是比特/秒（或字节/秒），简称消息率，记作 rm。

消息传输速率与比特传输速率的关系是 $rm = \eta rb$（bit/s），式中 η 是传输效率。

20. 码元传输速率（code element transmission rate）

码元传输速率与比特传输速率具有不同的定义，不应混淆，但是它们之间有确定的关系。对二进制来说，每个码元的信息含量为 1bit。因此，二进制的码元传输速率与比特传输速率在数值上是相等的。对于多进制 M 来说，每一码元的信息含量为 $\log 2M$ 比特，因此，如果码元传输速率为 rs 波特，则相应的比特传输速率为

$$rb = rs\log 2M \text{（bit/s）}$$

式中，M 为大于等于 2 的整数。

通常在传输数据的过程，总要加入一些裕度，这些多余的比特携带的不是数据信息，而是为数据可靠传输服务的信息，因此，传输效率 η 总是小于 1 的。

需要传输的比特率有高有低，范围非常宽。通常把 300bit/s 以下的比特率称为低速，300～2400bit/s 的称为中速，2400bit/s 以上的称为高速。

21. 移动硬盘的传输速率（transfer rate of the moving hard drive）

与硬盘产品不同，硬盘的数据传输速率强调的是内部传输速率（硬盘磁头与缓存之间的数据传输速率），而移动硬盘则更多是其接口的数据传输速率。因为移动硬盘是通过外部接口与系统相连接的，所以其接口的速度就限制着移动硬盘的数据传输速率。当前的 USB1.1 接口能提供 1.2Mbit/s；USB 2.0 接口能提供 480Mbit/s；IEEE1394a 接口能提供 400Mbit/s；IEEE1394b 能提供 800Mbit/s 的数据传输率，但在实际应用中会因为某些客观原因（例如存储设备采用的主控芯片、电路板的制作质量是否优良等），减慢了在应用中的传输速率。比如同样是 USB 1.1 接口的移动硬盘产品，一个可以提供 1.2MB/s 的读取速度，而另一个则能提供 900KB/s 的读取速度，这就是因为二者所采用的主控芯片等部件上的差异所造成的。

接口速率数据如下：

USB1.1 的传输速率为 12Mbit/s；

USB2.0 的传输速率为 480Mbit/s 半双工；

USB 3.0 的传输速率为 5Gbit/s 全双工；

IEEE 1394（A）的传输速率为 400Mbit/s；

IEEE 1394（B）的传输速率为 800Mbit/s ~ 3.2Gbit/s；

PATA（133）的传输速率为 133MB/s；

SATA 第一代的传输速率为 150MB/s；

SATA 第二代（俗称）的传输速率为 300MB/s；

SCSI 的传输速率为 320MB/s；

USB——Universal Serial Bus Intel 公司开发的通用串行总线架构；

IEEE——电器和电子工程师学会电气和电子工程师协会；

PATA——＜英国＞专卖品贸易协会；

SATA——串行 ATA 接口规范；

SCSI——小型计算机系统接口。

无线速率数据如下：

802.11：速率最高 2Mbit/s（802.11 是一个无线的标准）；

802.11b：速率最高 11Mbit/s，向下兼容 802.11；

802.11b＋：速率最高 22Mbit/s，向下兼容 802.11/b；

802.11g：速率最高 54Mbit/s，向下兼容 802.11/b；

802.11g＋：速率 108Mbit/s 及更高，向下兼容 802.11/b/g；

802.11a：速率最高 54Mbit/s，不兼容，必需和支持 802.11a 的产品才能联网；

802.11n：可以将 WLAN 的传输速率由当前 802.11a 及 802.11g 提供的

54Mbit/s 提高到 108Mbit/s，甚至高达 500Mbit/s（当前理想状态是 108Mbit/s）。

802.11g 或 802.11g + 在进行远距离传输时同样使用的是 802.11b 标准。而当前的 802.11b 远距离无线网桥（1km 以上）仍是市场的绝对主流，因为对于远距离传输，以当前的 WLAN 技术水平，能稳定连接是最重要的，而远距 + 高速仍是需要技术突破的。

22. 频带利用率（wave band operating factor）

单位带宽传输速率，根据香农公式，可以用系统容量除以带宽求得频带利用率，也叫频谱效率。

23. 能量效率（energy efficiency）

传输速率除以总功率就是能量效率。

24. 吞吐量（thruput）

表示在单位时间内通过某个网络（或信道、接口）的数据量。吞吐量受网络的带宽或网络的额定速率的限制。

25. 时延（time delay）

数据（报文/分组/比特流）从网络（或链路）的发送端传送到接收端所需的时间，也叫迟延或延迟，单位为秒（s）。

26. 发送时延（transmission delay）

发送时延（传输时延）＝数据长度/信道带宽（高速链路可提高信道带宽）。

27. 传播时延（propagation delay）

传播时延＝信道长度/电磁波在信道上的传播速率。

28. 载波频率范围（carrier – frequency range）

供电力线载波系统使用的全部频带。

29. 基本载波频带（basic carrier – frequency band）

在载波频率范围内划分的基本单元，即分配给一条电力线载波发送或接收通路的频带。

30. 标称载波频带（nominal carrier – frequency band）

一个具体的电力线载波机的发送或接收工作频带。

31. 音频有效传输频带（effective voice transmission frequency band）

一个具体的 4kHz 音频带宽中的可用音频频带。不同的制造厂可能有些差异，一般为 0.3～3.4kHz。

32. 载波侧标称阻抗（nominal impedance on line side）

载波机高频输入输出电路技术特性要求的阻抗。

33. 用户侧标称阻抗（nominal impedance on user side）

用户输入输出电路技术特性要求的阻抗。

34. **标称载波输出功率**（nominal carrier – frequency output power）

在满足发射要求及载波输出端终接阻值等于标称阻抗值的电阻负载情况下，载波机输出的峰值包络功率（PEP）的设计值。

35. **平均载波输出功率**（mean carrier – frequency output power）

在与最低调制频率的周期相比足够长的时间内载波机的平均输出功率。在这段时间里，载波机的输出功率达到最大设计值。

36. **误码率**（bit error rate）

在给定的时间内，接收到的错误比特数与接收到的总比特数的比值。

37. **自动增益控制**（Automatic Gain Control，AGC）

当载波通道的衰耗变化时，接收机收信支路的可变增益放大电路能够根据衰耗变化的情况自动进行增益调整，使其输出信号的电平控制在一定范围内。

38. **信噪比**（Signal Noise Ratio，SNR）

通信接收支路接收信号的有用电平与噪声电平的差值。

39. **标称传输时间**（nominal transmission time）

从一端通信设备的远方保护接口的命令输入端信号状态改变时刻起，到另一端通信设备的远方保护接口的命令输出端信号状态相应改变时刻止所经历的时间。在不考虑高频通道部分的传输时间，也就是系统在背靠背试验时测得的传输时间称作标称传输时间。

40. **自谐振频率**（self – resonance frequency）

主线圈的真实电感与固有电容一起产生的谐振频率。

41. **传输速率**（transmission rate）

信息附加报头比特经 FEC 编码以后的比特速率。

42. **维特比解码**（VITERBI）

软判决最大似然率解码（soft – decision maximun likelihood decoding）。

199

附录 B　与本书相关的技术标准

GB 11443.1—1989　国内卫星通信地球站技术要求 第一部分：通用要求

GB 11443.5—1994　国内无线通信地球站总技术要求 第五部分：中速数据数字载波通信

GB/T 11604—2015　高压电气设备无线电干扰测试方法

GB/T 7611—2001　数字网系列比特率电接口特性

GB/T 11444.4—1996　国内卫星通信地球站发射、接收和地面通信设备技术要求 第四部分：中速数据传输设备

GB/T 13503—1992　数字微波接力通信设备 通用技术条件

GB/T 13619—2009　数字微波接力通信系统干扰计算方法

GB/T 14430—1993　单边带电力线载波系统设计导则

GB/T 14618—2012　视距微波接力通信系统与空间无线电通信系统共用频率的技术要求

GB/T 21548—2021　光通信用高速直接调制半导体激光器的测量方法

GB/T 34079.1—2021　基于云计算的电子政务公共平台服务规范 第1部分：服务分类与编码

GB/T 34080.4—2021　基于云计算的电子政务公共平台安全规范 第4部分：应用安全

GB/T 39839—2021　基于LTE技术的宽带集群通信（B－TrunC）系统 终端设备技术要求（第一阶段）

GB/T 39845—2021　基于LTE技术的宽带集群通信（B－TrunC）系统 网络设备技术要求（第一阶段）

GB/T 6361—1999 微波接力通信系统 抛物面天线型谱系列

GB/T 7255—1998　单边带电力线载波机

YD 5031—1997　点对多点微波通信工程设计规范

YD/T 5112—2015　数字蜂窝移动通信网TD－SCDMA工程设计规范

YD/T 5184—2018　通信局（站）节能设计规范

YD/T 501—2000　微波无人值守电源技术要求

YD/T 2529—2013　SDH数字微波通信设备和系统技术要求及测试方法

YD/T 1153—2001　微波接力通信系统抛物面天线辐射图包络的技术要求

YD/T 5015—2015　通信工程制图与图形符号规范

YD 5095—2014　同步数字体系（SDH）光纤传输系统工程设计规范

YD/T 5032—2018　会议电视系统工程设计规范

YD/T 5142—2021　智能网工程技术规范

YD/T 5037—2005　公用计算机互联网工程设计规范（附条文说明）

YD/T 5050—2018　国内卫星通信地球站工程设计规范

YD 5076—2014　固定电话交换网工程设计规范

YD/T 5080—2005　SDH光缆通信工程网管系统设计规范（附条文说明）

YD/T 5088—2015　数字微波接力通信系统工程设计规范

YD 5095—2014　同步数字体系（SDH）光纤传输系统工程设计规范

YD/T 5116—2005　移动短消息中心工程设计规范

YD/T 5117—2016　宽带IP城域网工程设计规范

YD/T 5032—2018　会议电视系统工程设计规范

YD/T 5142—2021　智能网工程技术规范

DL/T 1124—2009 数字电力线载波机

附录 C 本书参考资料

1. IEEE802 协议

美国电气电工协会制定的标准。以下介绍其所属的主要协议。

（1）IEEE802.1 协议 概述、体系结构和网络互联，以及网络管理和性能测量。

（2）IEEE802.2 协议 逻辑链路控制（LLC）。最高层协议与任何一种局域网（MAC）子层的接口。

（3）IEEE802.3 协议 以太网（Ethernet）CSMA/CD 网络，定义 CSMA/CD 总线网的 MAC 子层和物理层的规范。

（4）IEEE802.3z 协议 100BASN－T 快速以太网协议。

（5）IEEE802.4 协议 令牌总线网。定义令牌传递总线网的 MAC 子层和物理层的规范。

（6）IEEE802.5 协议 标志（Token）令牌环形网。定义令牌传递总线网的 MAC 子层和物理层的规范。

（7）IEEE802.6 协议 城域网。

（8）IEEE802.7 协议 宽带技术。

（9）IEEE802.8 协议 光纤技术。

（10）IEEE802.9 协议 综合话音数据局域网。

（11）IEEE802.10 协议 可互操作的局域网的安全。

（12）IEEE802.11 协议 无线局域网。

（13）IEEE802.12 协议 优先高速局域网（100Mbit/s）。

（14）IEEE802.13 协议 有线电视（Cable－TV）。

201

2. IEEE802 协议的其他重要支协议

IEEE802.11 协议是美国电气电工协会制定的标准，以下介绍其所属的主要协议。

（1）IEEE802.11 协议的工作方式 IEEE802.11 协议定义了无线站类型设备、无线接入点（Access Point，AP）类型设备之间提供无线和有线网络之间的桥接。一个无线接入口和一个有线网络接口（802.3 接口）构成，桥接软件符合 802.1d 的桥接协议。无线终端可以是 802.11 PCMCIA 卡、PCI 接口、ISA 接口，或者是在非计算机终端上的嵌入式设备（如 802.11 手机）。

（2）IEEE802.11 协议的物理层 IEEE802.11 协议最初定义了三个物理层，包括两个扩散频谱技术和一个红外传播规范。无线传输的频道定义在 2.4GHz 的

ISM 波段内（这个频段在美国的 USA，欧洲的 ETAI，日本的 MKK 等国际无线电管理机构中都是非注册使用频段），所以对于使用 802.11 的客户端设备就不需要任何无线许可。IEEE802.11 协议的传输速度定义为 1Mbit/s 和 2Mbit/s。可以使用 FHSS（Frequency Hopping Spread Spectrum）和 DSSS（Direct Sequence Spread Spectrum）技术，而 FHSS 和 DSSS 技术在运行机制上是完全不同的，所以这两种技术的设备没有互操作性。

（3）IEEE802.11b "High Rate" 协议　采用 2.4GHz 频带，调制方法采用补偿码键控（CCK），共有三个不重叠的传输信道。传输速率能够从 11Mbit/s 自动降到 5.5Mbit/s，或者根据直接序列扩频技术调整到 2Mbit/s 和 1Mbit/s，以保证设备正常运行与稳定。

（4）IEEE802.11b 协议的增强物理层　IEEE802.11b 协议在无线局域网协议中，在 IEEE802.11 协议的物理层增加了 5.5Mbit/s 和 11Mbit/s 两个新的速度，并且可以和 IEEE802.11 协议的物理层互操作；在 2Mbit/s 的传送速率中，使用了一种比较复杂的传送方式，即 QPSK（Quandrature Phase Shifting Keying），其数据传输速率是 BPSK 的传输速率的 2 倍，以此提高了无线传输的带宽。

在 IEEE802.11b 标准中采用了更先进的 CCK（Complementary Code Keying）编码技术，其信号的调制速率为 1.375Mbit/s。

为了支持在存在噪声的环境下能够获得较好的传输速率，IEEE802.11b 标准采用了动态速率调节技术，从而来允许用户在不同的环境下自动使用不同的连接速度来补充噪音环境的不利影响，在用户环境不理想时，系统的速率会按序降低为 5.5Mbit/s、2Mbit/s、1Mbit/s；而当用户环境回到理想环境时，系统的速率也会以反向增加，直至 11Mbit/s。

IEEE802.11b 标准的数据传送速率规范见表 C-1。

表 C-1　IEEE802.11b 数据传送速率规范

数据传送率	编码长度	调制方式	波串数据	位数/波串
1Mbit/s	11（BS 串）	BPSK	1MS/s	1
2Mbit/s	11（BS 串）	QPSK	1MS/s	2
5.5Mbit/s	8（CCK）	QPSK	1.375MS/s	4
11Mbit/s	8（CCK）	QPSK	1.375MS/s	8

1）IEEE802.11a 协议：扩充了标准的物理层，规定该层使用 5GHz 的频带。该标准采用 OFDM 调制技术，共有 12 个非重叠的传输信道，传输速率范围为 6~54Mbit/s。不过此标准与 IEEE802.11b 标准并不兼容，支持该协议的无线 AP 及无线网卡在市场上较少见。

2）IEEE802.11g 协议：该标准共有三个不重叠的传输信道。虽然同样运行于 2.4GHz，但向下兼容 IEEE802.11b，而由于使用了与 IEEE802.11a 标准相同的调制方式正交频分（OFDM），因而能使无线局域网达到 54Mbit/s 的数据传输率。

说明：目前，无线局域网仍处于众多标准共存状态。在美国和欧洲，形成了几套互不相让的高速无线标准，美国 IEEE 创建了高速无线标准 802.11（包括 802.11a 和 802.11b）；Home RF 标准和 Bluetooth 标准。802.11b 标准的最高数据传输速率能达到 11Mbit/s，规定采用 2.4GHz 频带，这个标准在北美占据比较大的优势；另外一种高速无线标准 802.11a，其数据传输速率为 54Mbit/s，规定采用 2.4GHz 频带，比标准 802.11b 技术快了近 5 倍。

而我国通信方面的技术标准除了少数国家标准外，大部分为以前所制定的标准，基本上远远滞后了实际应用的发展。近些年出台的通信技术标准也是出于实力较强的通信设备制造公司或通信营运公司，另一方面借助国外的先进技术标准，为我所用。

在通信事业高速发展的现在，还没有人或国际组织能够解决无线互联网标准不统一的问题。其原因在于通信行业技术发展太快，而标准制定始终跟不上，造成了通信技术标准百花齐放的局面。

以下对主要技术标准进行关键性能的比较，见表 C-2；对有线网络和无线网络的优劣进行比较，见表 C-3。

表 C-2　IEEE802.11b 协议实际应用中的比较

项目	802.11b 协议	Home RF（home radio frequency）家用无线电频率，家居射频	Bluetooth 蓝牙目标是要提供一种通用的无线接口标准
传输速度	11Mbit/s	1Mbit/s，2Mbit/s，10Mbit/s	30~400Kbit/s
应用范围	办公区与校园局域网	家庭、办公室、私人住宅和庭院的网络	家庭、办公室、私人住宅和庭院的网络
终端类型	笔记本电脑、桌面 PC 掌上电脑、因特网网关	笔记本电脑、桌面 PC 电话、移动设备、因特网网关、modem	笔记本电脑、蜂窝式电话、掌上电脑、寻呼机、轿车
接入方式	接入方式多样化	点对点或节电多种设备接入	点对点或节电多种设备接入
覆盖范围	50~300ft	150ft	30ft
传输协议	直接顺次发射频谱	跳频发射频谱	窄带发射频谱

表 C-3　有线网络与 IEEE802 无线网络性能比较

比较项目	有线网络	IEEE802 无线网络
布线	布线烦琐，办公室各种网络系统共存，电缆线泛滥	无需布线，是办公室通信系统简洁的解决方案
吞吐率	10Mbit/s，100Mbit/s，1000Mbit/s 具有很强的吞吐率优势	2Mbit/s，11Mbit/s
成本	安装成本高，设备成本低，维护成本高	安装成本低廉，设备成本较高，维护成本低。整体具有成本优势
移动性	无法在人员移动的同时访问局域网和互联网资源，在需要人眼活动的情景下，需要在每个工作地点设置信息点，移动性非常低效	移动性强，特别是人员需要在一定范围内活动工作场合，如施工现场、实地勘测、库房管理、公安执勤等，资源利用率高
二层漫游	支持	支持
三层漫游	支持（通过 Mobile IP 技术）	支持（类 Mobile IP 技术或 DHCP）
扩充性	由于原设计布线端口局限性，需重新布线、设备增容，工作量大施工周期长，扩充性较弱	只需要增加适配卡，如果网络出现瓶颈，则只需要增加一个接入点，扩充性较强
线路费用	对于楼宇之间的远距离连接，采用线路租用，费用较高，且传输速率低	只要架设天线等一次性投资，不需要增加任何租赁费用，费用较低
安全性	主要在三层及以上实现，安全性高	二层和三层共同实现，安全性高